KB253986

칠순에 떠난 86일의

유럽 자동차여행

칠순에 떠난 86일의 유럽 자동차여행

발행일	2025년 6월 2일		
지은이	송봉근		
펴낸이	손형국		
펴낸곳	(주)북랩		
편집인	선일영	편집	김현아, 배진용, 김다빈, 김부경
디자인	이현수, 김민하, 임진형, 안유경	제작	박기성, 구성우, 이창영, 배상진
마케팅	김회란, 박진관		
출판등록	2004. 12. 1(제2012-000051호)		
주소	서울특별시 금천구 가산디지털 1로 168, 우림라이온스밸리 B동 B111호, B113~115호		
홈페이지	www.book.co.kr		
전화번호	(02)2026-5777	팩스	(02)3159-9637

ISBN   979-11-7224-638-9 13980 (종이책)   979-11-7224-639-6 15980 (전자책)

잘못된 책은 구입한 곳에서 교환해드립니다.
이 책은 저작권법에 따라 보호받는 저작물이므로 무단 전재와 복제를 금합니다.
이 책은 (주)북랩이 보유한 리코 장비로 인쇄되었습니다.

(주)북랩 성공출판의 파트너

북랩 홈페이지와 패밀리 사이트에서 다양한 출판 솔루션을 만나 보세요!

홈페이지 book.co.kr   •   **블로그** blog.naver.com/essaybook   •   **출판문의** text@book.co.kr

---

작가 연락처 문의 ▸ ask.book.co.kr

작가 연락처는 개인정보이므로 북랩에서 알려드릴 수 없습니다.

칠순에 떠난 86일의

유럽 자동차여행

European road trip

역사와 자연에서 낭만과 진리를 찾아 나선
유쾌한 도전의 기록

송봉근 지음

북랩

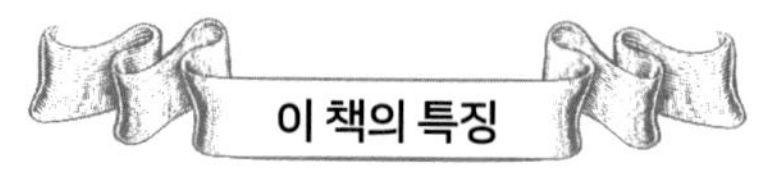

🚗 여행 테마

1) 로마제국 흥망성쇠의 발자취

2) 중세와 르네상스의 확인

3) 기독교의 인정과 변천

4) 알프스를 둘러싼 유럽의 자연과 문화의 탐방

🚗 저서 특징

1) 역사와 문화를 연계한 유럽의 자동차여행에 대한 최신의 여행정보를 제공

2) 유럽의 자동차여행에서 경험한 다양한 시행착오의 과정을 진솔하게 정리

3) 유럽여행을 준비하는 사람과 은퇴를 전후한 독자에게 자동차여행에 대한

   준비과정과 자신감을 공유

칠순에 떠난 86일의 유럽 자동차여행

핵심문장

1) 인생의 낭만을 찾아 역사와 자연과 함께하는 유럽 자동차여행을 떠나자!

2) 칠순의 은퇴부부가 알려주는 알뜰한 유럽 자동차여행의 노하우!

우리 부부는 칠순을 맞아 인생의 버킷리스트였던 유럽 자동차여행을 실행하기 위해 2024년 4월 25일 프랑스 파리로 향하는 비행기에 탑승하였다. 유럽은 패키지여행을 다녀온 것이 전부였기에 86일의 자동차여행에 대한 기대감으로 마음은 설레고 있었다.

인천에서 파리로 향하는 비행기가 이륙하자 현지에서의 차량 인수와 숙소 예약상황을 하나하나 다시 점검하였다. 파리 드골공항에 도착하여 입국절차를 마치면 저녁 8시가 되어 시간상 상당한 어려움이 예상되었다. 여행도 인생과 같이 예상하치 못한 어려움을 해결해 가는 과정이므로 일단 시차의 극복을 위해 와인 한 잔으로 잠을 청하였다.

유럽을 자동차로 여행하려는 계획에 대해 안전과 건강의 문제로 주위에서 많은 우려를 제기하였다. 유럽의 치안 상황은 현지인들도 이중삼중의 보안장치를 하고 생활할 정도로 심각하며, 차량의

     칠순에 떠난 86일의 유럽 자동차여행

파손이나 도난 등과 같은 문제도 수시로 발생한다고 하였다. 또한, 유럽여행은 여러 나라를 거치기에 사회 체계가 달라 3개월을 자동차로 여행하는 것은 건강상 무리라는 지적도 있었다. 이러한 안전과 건강의 문제가 현실적인 어려움이었지만, 이미 나이가 칠십을 넘고 있어 세월이 더 지나면 장기 자동차여행은 불가능하리라는 생각에 도전하기로 결심하였다.

그동안 인생을 살아오며 도전하다 실패하는 것이 도전도 안 하고 포기하는 것보다 낫고, 한때의 적막함이 있을지라도 만고에 처량한 이름을 남기지 않겠다는 생각도 일조하였다.

유럽여행을 준비하면서 부부는 체력을 기르고 여행의 호흡을 맞추기 위해 한반도의 동해 해파랑길, 남해 남파랑길, 서해의 태안반도를 중심으로 한 서해랑길, 지리산의 둘레길로 이어지는 길을 걸었다. 자동차여행의 예행연습으로 지난 2023년 6월 7일부터 7월 19일까지 43일간 자동차로 미주 서부여행을 다녀왔다. 미국의 로스앤젤레스에서 출발하여 서부의 캐넌(Canyon) 지역을 거쳐, 캐나다 로키산맥의 밴프(Banff)와 재스퍼(Jasper)를 돌아, 태평양 해안을 따라 내려와 로스앤젤레스에서 귀국하는 여행 일정을 무사히 마쳤다. 이번 유럽여행에서는 안전과 건강을 고려하여 숙소의 내부에 주차장이 별도로 있고, 요리가 가능한 주방이 있는 곳으로 예약하는 등 철저한 준비를 하려고 노력하였다.

유럽 자동차여행의 핵심주제는 인류 역사의 기반이 된 로마제국의 흥망성쇠와 발자취, 인류 정신세계의 바탕을 이룬 기독교의 인정과 변천, 현대문명의 기원인 중세 르네상스 현장의 확인, 유럽의 기둥인 알프스를 둘러싼 자연과 문화의 이해로 잡고 일정을 계획하였다. 여행의 일정은 봄이 시작되는 4월 말에 프랑스 파리에서 자동차를 리스(Lease)하여, 더운 여름이 오기 전 5월에 이탈리아에서의 일정을 소화하고, 6월에 알프스의 남부인 이탈리아의 돌로미티와 북부인 독일 알펜가도를 비롯한 유명가도를 거쳐, 알프스의 한가운데인 스위스와 남부인 프랑스 베르동 협곡의 자연과 문화를 탐방하며, 7월의 여름에 프랑스 남부 지중해와 서부 대서양을 탐방하는 것으로 하였다.

유럽여행의 목적은 일생을 같이한 부부가 공직과 교직에서 보낸 40년의 사회생활을 정리하고, 독립한 아들과 딸을 키우며 지내온 인생을 돌아보며, 그동안 꾸준히 고민하던 진리와 낭만을 추구하는 구도의 길을 걷는 것으로 하였다. 이번 여행의 결과는 부부가 처음으로 맞게 되는 인생 70~80대를 어떻게 보내며, 누구나 예외 없이 맞게 되는 죽음이라는 과제에 대한 나름대로의 해법을 마련하고자 하였다.

인천공항을 출발하던 2024년 4월 25일의 긴장감은 긴 여정을 무사히 마치고 7월 19일에 파리에서 집으로 돌아오는 비행기에 몸을 실을 때는 충만한 마음으로 다가왔다. 여행을 통해 고대 로마에서 현대까지 이어지는 유럽의 역사, 문화, 종교를 현장에서 보고 느꼈고, 거기에서 살아가는 주민의 일상에서 체험한 것이 큰 교훈을 주었다. 자동차여행의 경험과 시행착오는 인생이라는 망망대해에서 등대 역할을 하게 되리라 믿는다.

이번 여행의 일정을 계획하고 유럽 곳곳의 문화와 역사에 대해 조언을 주며 여행을 함께한 짝에게 감사한다. 그리고 잘 성장하고 독립하여 여행을 가능하게 지원한 아들과 딸에게 사랑한다는 말을

전한다. 여행에서 돌아와 인생을 살펴보니 부모님이 더욱 그리워
진다. 남은 인생은 부모님의 말씀대로 근검절약하며, 어떠한 풍파
가 있을지라도 한 그루의 나무를 심어가는 마음으로 겸손하게 살
아갈 것을 다짐한다.

2024. 12. 31.
송봉근

Contents

1장 자동차여행의 시작
여행 1~8일 차, 4.25~5.2   17

2장 중세와 르네상스와의 만남
여행 9~20일 차, 5.3~5.14   49

3장 로마제국의 발자취: 가톨릭의 변천
여행 21~28일 차, 5.15~5.22   93

1장 · 여행의 시작(1~3):

프랑스 파리, 디종, 리옹

2장 · 중세와의 만남(4~11):

이탈리아 밀라노, 제노바, 친퀘테레, 피사, 피렌체, 시에나, 몬탈치노, 아시시

3장 · 로마제국의 발자취(12~14):

이탈리아 로마, 나폴리, 폼페이

4장 · 아드리아의 해안(15~22):

바리, 알베로벨로, 마테라, 앙코나, 산마리노, 라벤나, 베네치아, 비첸차

1장 

자동차여행의
시작

여행 1~8일 차, 4.25~5.2

01

파리에 도착

여행 1~4일 차

드골공항에 도착

여행 1일 차, 4월 25일, 목요일

인천을 떠나 14시간의 비행 끝에 파리 드골공항에 도착하였다. 우크라이나와 러시아의 전쟁으로 비행로를 우회하여 시간이 다소 더 소요되었다. 공항에서 입국절차를 마치니 저녁 7시가 지나고 있었다. 드골공항은 수많은 관광객으로 붐비고 있어 짐을 찾기까지 상당한 시간을 기다려야 하였다.

파리의 기온은 서울보다 쌀쌀하여 짐에서 급히 패딩 점퍼를 꺼내 입고는 여행의 동반자인 자동차를 인수하기 위해 예약한 리스회사로 전화를 하였다. 직원은 공항의 도착장이 아닌 출발장에서 기다리고 있으라 하였다. 방금 입국하여 공항의 사정도 알지 못하는 상황에 도착장에서 출발장을 찾아 이동하려니 가방 네 개를 끌고 한

 칠순에 떠난 86일의 유럽 자동차여행

참을 헤매야 하였다. 출발장의 입구에서 어렵게 리스회사의 직원을 만나 공항에서 자동차로 20분 정도의 거리에 떨어져 있는 리스회사의 지점으로 갔다. 직원으로부터 자동차의 리스계약에 대한 안내를 받고 예약된 푸조 3008 SUV를 인수하고 나니 자동차여행에 대한 실감이 나기 시작하였다.

유럽에서의 첫 운전은 생소한 도로환경과 익숙하지 않은 차량 조작으로 인하여 예약된 숙소로 조심스럽게 향해야 했다. 숙소의 근처에 도착한 시간은 현지 시각으로 저녁 8시가 다 되어 가고 있었지만, 파리는 다행히 서머타임제가 실시되고 있어 실제는 7시이기에 아직도 해가 있었다. 숙소의 주소지에 도착하기는 하였으나 예약한 아파텔 표지를 찾을 수 없어 도로에 정차하고 전화로 안내를 받아야 하였다. 하지만 숙소에는 체크인을 위한 별도의 주차장이 없어 다시 숙소의 데스크로부터 도움을 받는 혼란의 과정을 거쳐야 하였다. 국가와 지역마다 관행과 질서가 상이하여 발생하는 갈등과 적응의 시간이 시작되고 있는 것이었다.

파리에서의 숙소(아파텔; Apparthotel, 3박 260유로)는 대형업소로 7층의 건물에 주차장이 지하에 마련되어 있었고, 엘리베이터를 이용하여 위층으로 이동이 가능하였다. 어렵게 체크인을 하고 지하의 주차장에서 저녁을 지낼 간단한 짐만 챙겨 룸으로 올라갔다. 아파트 형태의 숙소는 내부에 주방이 있어 전기밥솥으로 늦은 저녁식사를 마련하였다. 숙소에는 싱글침대 2개와 냉장고, 식기세척기 등의 시설이 잘 구비되어 있어 비교적 가성비가 좋았다. 온라인의 홈페이지(Booking. com)에서 사진으로 숙소 위치와 조건을 미리 확인하였지만, 짐을 풀고 식사를 마치기까지 숙소 시설에 익숙해지기에 상당한 인내가 필요하였다. 파리에서 여행의 첫날을 보내는 부부는 힘든 하루의 일정과 생소한 환경으로 긴장하였던 몸과 마음을 서로 위로하였다. 임시로 간단히 짐 정리를 마치고는 무사히 도착하였다는 안도감에 곤한 잠을 청하였다.

여행경험 1: 차량의 인수와 리스제도

자동차여행에서 필수사항인 차량을 인수하는 리스(Lease)제도는 통상적으로 이용하였던 렌트(Rent)와는 상당히 달라 사전에 고려할 사항이 많았다.

프랑스가 외국인을 대상으로 실시하는 리스제도는 자동차회사에서 홍보를 목적으로 유럽을 여행하거나 장기 체류하는 외국인에게 특별히 면세가격으로 차량을 제공하는 제도였다. 리스는 그동안 이용하던 렌트보다 상대적으로 저렴하였고, 신차가 배정되었으며, 보험도 풀커버가 되는 장점이 있었다. 자동차는 주행거리에 제한이 없이 자유롭게 이용이 가능하나, 유럽연합(EU)에서 탈퇴한 영국과 동부 유럽의 일부 국가에는 운행이 제한되고 있었다. 리스회사의 서비스는 프랑스를 벗어나면 지사가 많지 않아 렌트보다는 한계가 발생할 것으로 생각되었다.

리스차량을 인수하는 절차도 공항에서 바로 연계되는 렌트와는 달리, 영업점이 공항의 외부에 위치하여 리스회사의 직원이 공항에서 고객을 만나 대리점으로 안내하고 있었다. 외국에서 파리에 도착하여 전화상으로 연락하고 안내를 받기 위해서는 언어소통과 지리상의 생소함으로 어려움을 겪게 되는 구조였다. 리스자동차의 예약은 리스계약자 명의로 자동차가 출고되므로 국내에서 최소한 3~6개월 이전에 유로카(Eurocar)라는 리스회사의 홈페이지에서 온라인으로 예약가능 여부를 확인하고 진행하여야 하였다.

리스 차량의 작동법을 국내에서 일부 미리 숙지하기는 하였으나, 현지에서 인수한 차는 조금씩 제원이 달라 직원에게서 다시 설명을 듣고 운행하였다. 차량의 출발 이전에 유종, 와이퍼의 작동, 트렁크의 개폐, 내비게이션 설정 등과 같은 기본적 사항까지 상세하게 확인하여야 할 필요가 있었다. 차량 운행에 관한 매뉴얼 책자는 제공되지 않고 있어 자동차를 제조한 푸조 회사의 홈페이지 앱을 깔고 온라인으로 작동법을 익혀야 하였다.

여행경험 2: 숙소에 체크인의 과정

프랑스에 도착하여 현지의 지리가 생소한 가운데 내비게이션의 도움으로 예약한 숙소의 주소지에 도착하였으나, 숙소에는 체크인을 위한 별도의 주차장이 없어서 인근의 도로에 정차하고 체크인의 절차를 밟아야 하였다. 대부분의 숙소에는 간판을 아주 작게 표시하여 발견하기도 어렵기에 숙소를 옮길 때마다 상당한 어려움을 겪었다.

숙소에 체크인하고 주차장으로 들어가는 절차도 다양하여 데스크에서 일일이 확인하여야 하였다. 파리에서 주차장에 진입하는 과정에서는 주차장의 철문이 작동되지 않아 직원이 원격조정으로 문을 열어주어 간신히 진입할 수 있었다. 투숙객의 안전을 위해 숙소와 주차장의 출입구가 플라스틱 룸키의 접촉으로 작동하도록 되어 있었으나, 룸키의 마그네틱에 문제가 있었던 것이었다.

지하주차장에서 건물 3층에 있는 룸으로 짐을 가지고 올라가려 하였으나, 이번에는 엘리베이터가 작동되지 않았다. 직원에게 다시 연락하니 엘리베이터에 있는 센서에 룸키를 접촉해야 작동되었다. 엘리베이터도 안전상 외부인의 진입을 막기 위해 제공된 룸키로만 작동하고 있는 것이었다.

외국에서 여행이나 근무 등으로 서구의 시스템에 익숙하다 하여도 지역과 업소마다 숙소의 운영체계가 조금씩 달라 이러한 시행착오는 지속적으로 발생하였다. 시행착오도 미지를 여행하는 과정이기에 항상 미리 확인하고 돌발상황에서는 임기응변으로 대응하여야 하는 것이 일상이었다.

여행필수품의 마련

여행 2일 차, 4월 26일, 금요일

파리에서 여행의 첫날은 시차를 극복하기 위해 아침 일찍 일어나 주위의 도심공원을 산책하는 것으로 시작하였다. 파리의 아침은 날씨가 맑고 공기도 청정하여 산책길이 상쾌하였다. 식사는 숙소의 주방에서 밥을 지어 미역국과 김치 등 여행용 기본재료로 해결하였다.

자동차여행에 맞추어 준비한 짐은 86일을 계속 이동하며 숙소를 바꿔야 하므로 숙소로 들고 다닐 것과 차에 둘 것으로 분류하여 이동을 간편하게 준비하였다. 유럽에서는 자동차 내부의 물건

칠순에 떠난 86일의 유럽 자동차여행

이 외부에서 보이면 차를 부수고 절도하는 사건이 종종 발생한다고 하여 세심하게 정리하였다. 가능한 한 밖에서 짐이 보이지 않도록 트렁크와 뒷좌석에 실어야 하기에 땀을 흘리며 한참 동안 작업하였다.

짐 정리를 마치고 여행에 필요한 필수품을 구매하기 위해 구글(Google)의 검색기능을 활용하여 코리안마켓, 아시안마켓, 현지 식료품점을 찾아다녔다. 상점 선정도 차량의 안전을 고려하여 별도의 주차장이 있고 고객들의 평점과 후기가 좋은 곳으로 하였다. 상점에는 다양한 물건이 풍부하게 구비되어 있었고, 가격도 크게 비싸지 않아 국내에서 너무 많은 짐을 가지고 갈 필요는 없다는 생각이 들었다. 유럽에는 세계적인 체인을 가진 까르푸(Carrefour), 리들(LIDL) 등의 대형 식료품점이 도시마다 있고, 자동차의 트렁크에도 한계가 있어 최소한의 물품만을 구입하였다. 물품을 구입하는 것은 짝의 소관이어서 상점에서 상품을 찾고 품질을 확인하는 보조 역할을 하였다. 제품이 모두 영어나 프랑스어로 설명되어 있고 진열도 복잡하여 이를 찾아 확인하여야 하기에 국내에서 쇼핑하는 것보다는 역할이 많아 시간이 빨리 가고 있었다.

세느강의 에펠탑

여행 3일 차, 4월 27일, 토요일

파리는 유럽의 정치, 경제, 예술의 중심지이자 세계에서 가장 인기 있는 관광지역으로 시내와 근교의 일드프랑스에 수많은 명소가 있었다. 여행일정상 우선 시내만 살펴보고 파리 근교는 귀국하는 길에 보기로 하였다. 파리 시내에서의 첫 일정은 에펠탑(Eiffel Tower)과 세느강(Seine River)의 주변을 걷는 것으로 하였다.

에펠탑 주변에 있는 실내 주차장에 차를 주차하고, 구글 내비게이션의 걷기 기능을 활용하여 에펠탑을 향해 세느강변을 걸었다. 강변을 걸으며 1999년에 파리에 소재한 OECD의 회의에서 우리나라를 노동인권의 탄압국가로 지정하여 WTO를 통해 무역제재를 추진하려는 28개국의 대표를 상대로 토론하던 기억이 떠올랐다. 국제무역질서가 강대국의 정치적 타협의 산물이 되어서는 안 된다며 공정한 처리를 주장하던 중앙부처 과장 시절은 아련한 추억이 되고 있었다. 당시에 바라보던 세느강은 약육강식 열정의 강물이었으나, 이제 은퇴하여 칠십의 나이에 여행자의 눈으로 바라보니 바토무슈(Bateaux Mouches)라는 관광용 여객선이 평화롭게 다니는 "낭만의 강"이라는 별칭이 친숙하게 다가왔다.

세느강의 강변을 부부가 걸으며 젊은 날의 일을 되새기다 보니 어느덧 파리의 상징인 에펠탑이 눈앞에 들어왔다. 에펠탑으로 다가가는 이에나다리(Pont d'Iena)에서 바라보는 에펠탑의 전경은 세느강의 아름다움과 함께 세계적인 명소라는 찬사를 받기에 충분하였다. 이에나다리는 나폴레옹이 프로이센과의 1806년 전투에서 승리한 것을 기념하기 위해 건설한 것으로, 프랑스의 대혁명 100주년을 기념하기 위해 1889년에 개최된 만국박람회의 입구로 사용하던 324미터의 철제 구조물인 에펠탑과 함께 프랑스의 자존심을 대변하고 있었다. 에펠탑의 앞에 있는 마르스광장(Champ de Mars)에는

 칠순에 떠난 86일의 유럽 자동차여행

2024년 7월 26일에 시작되는 파리올림픽의 개막식에서 활용될 야외 관중석이 준비되고 있어 매우 분주한 모습이었다.

에펠탑에서 출발하여 공원을 한 바퀴 돌아보고 알렉산더 3세 다리를 건너 에투알개선문(Arc de triomphe de l'Etoile)으로 향하였다. 나폴레옹 1세가 유럽을 제패하고 이를 기념하기 위해 로마의 콘스탄틴개선문을 본받아 건축한 것이었다. 파리는 개선문을 중심으로 12개의 도로가 시내로 뻗어 나가며 도시를 형성하고 있었다. 개선문에는 제1차 세계대전에서 전사한 무명용사의 묘가 있어 매일 저녁 추도의 불꽃이 점등되고 있었다. 개선문 광장에는 파리의 자유로움이 느껴지는 길거리 가수의 버스킹(Busking)이 여행자에게 흥겨움을 더해 주고 있었다.

에펠탑을 지나 명품으로 유명한 샹젤리제거리(Avenue des Champs-Elysees)를 걸으며 프랑스의 현재를 느낄 수 있었다. 샹젤리제거리에는 루이비통, 입생로랑, 구찌 등의 상점이 화려하게 이어져 있었다. 샹젤리제거리를 걸어 일직선으로 연결된 콩코드광장(Place de la Concorde)으로 들어갔다. 광장 중앙에는 나폴레옹이 이집트 원정에서 가져온 룩소르(Luxor)신전의 오벨리스크가 서 있었고, 프랑스혁명에서 루이 16세와 그의 부인 마리 앙투아네트(Marie Antoinette)가 단두대에서 처형된 역사를 대변하고 있었다. 콩코드 광장은 1755년 프랑스의 왕권이 융성하던 시기에 루이 15세의 기마상이 세워졌던 광장이었으나, 1789년 파리시민의 대혁명으로 왕권이 몰락하며 기마상은 철거되고 혁명정부의 단두대(Guillotine)가 설치되어 루이 16세와 마리 앙투아네트와 함께 아이러니하게도 당시의 혁명가인 로베스피에르(Maximilien Robespierre)와 같은 인물까지 세력

다툼으로 단두대에서 최후를 맞이한 피의 역사를 간직하고 있었다. 절대왕권이 몰락하고 공화정으로 바뀌던 시민혁명의 혼란스럽고 격렬했던 시기의 기억을 지우고자, 1795년에 평화의 염원을 담아 화합을 의미하는 "Concorde"로 광장의 명칭을 변경한 배경을 가지고 있었다.

콩코드광장을 지나 현재는 박물관으로 사용되고 있는 루브르궁전(Palais du Louvre)으로 가니 갑자기 비가 내려 박물관의 회랑에서 한참을 기다려야 하였다. 사진을 찍다 파리에 거주하는 한국인 유학생 부부를 만나 파리올림픽을 준비하는 현지의 상황을 소개받을 수 있었다. 박물관의 바로 옆에 있는 한국식료품점을 안내받고 어제 구입하지 못했던 부탄가스 등과 같은 일부 필수품을 구입하였다.

오후에는 비가 그쳐 루브르박물관에서 세느강변으로 다시 나와 17세기에 왕실의 정원이었던 튈르리(Tuileries)공원에서 파리지앵들과 함께 휴식의 시간을 보냈다. 튈르리공원은 도심에 있어 시민들이 벤치에서 식사도 하며 가족들과 여유로운 시간을 보내고 있었다. 여행의 피로를 잠시 풀고는 다시 오르세미술관과 나폴레옹의 시신이 안치되었다는 앵발리드(Invalides)군사박물관을 바라보며 강변으로 걸어 나왔다. 프랑스 불세출의 영웅인 나폴레옹은 변방인 코르시카섬에서 태어나 인류역사의 대부분을 차지한 왕정의 군주제가 시민대혁명으로 공화정으로 변화하던 시기에 일반인 포병장교로 출발하여 30세의 나이에 다시 군주제의 왕과 황제로 등극하였지만, 결국은 독재통치와 지나친 전쟁으로 몰락하고 이국의 외딴섬에서 52세의 나이에 외롭게 인생을 마감하였던 그의 인간적

세느강의 에펠탑

콩코드 광장의 오벨리스크

고뇌를 생각하게 되는 시간이 되었다.

　파리에서의 첫 일정으로 세느강변을 따라 에펠탑과 시내를 걷는 길은 봄날의 맑은 공기가 시차 적응에 많은 도움이 되었다. 파리의 시내에서 하루를 보내며 시작이 반이라는 말과 같이 86일의 여행에 대하여 조금씩 자신감을 갖게 되는 시간이었다.

길거리 가수의 버스킹

시태섬의 노트르담 대성당

여행 4일 차, 4월 28일, 일요일

　파리에서의 두 번째 일정은 세느강의 안에 있는 시태(Cite)섬의 노

　　　　　　　　　칠순에 떠난 86일의 유럽 자동차여행

트르담 대성당(Cathedrale Notre Dame de Paris)을 찾는 것이었다. 파리의 노트르담 대성당은 종교적 의미뿐만 아니라 프랑스의 역대 왕이 즉위하였고, 일반인에서 황제로 등극한 나폴레옹이 대관식을 거행하였던 성당이기에 내부를 관람하고 싶었으나, 2019년에 발생한 첨탑과 지붕의 화재로 한창 공사 중이어서 내부 입장은 할 수 없었다. 노트르담(Notre Dame)은 프랑스어로 '귀부인'을 의미하나, 통상적으로는 가톨릭에서의 '성모 마리아'를 지칭하며 성모 마리아께 봉헌된 성당을 노트르담 대성당으로 부르고 있었다.

노트르담 대성당의 외관을 둘러보며 가톨릭이라는 종교가 정신세계의 주류를 이루는 유럽에서 성당이 갖는 의미를 생각하게 되었다. 시태섬에는 프랑스대혁명 당시에 루이 16세의 부인인 마리 앙투아네트가 수감되었던 콩시에르주리(Conciergerie)궁과 아름다운 스테인드글라스로 유명한 생트샤펠(Sainte Chapelle)성당이 있어 파리의 시원지라는 섬의 유래를 나타내고 있었다. 시태섬을 둘러보고는 파리에서 가장 오래된 광장으로 프랑스 귀족들의 주택으로 둘러싸여 있는 보주광장(Place des Vosges)으로 향하였다. 보주광장은 17세기 초 앙리 4세에 의해 조성되었으며 프랑스의 문학을 대표하는 작가인 빅토르 위고(Victor Hugo)도 이곳에서 살았다고 하여 꼼꼼히 살펴보았다.

보주광장을 지나 인류사에서 전제군주시대를 마감하고 민주주의의 기반이 된 1789년 프랑스대혁명의 현장인 바스티유광장(Place de la Bastille)으로 갔다. 인류의 역사이래 대부분을 이어온 절대왕정을 무너트리고 공화정의 기초를 마련했던 시민대혁명의 현장에는 당시의 감옥을 철거하고 기념탑과 광장이 조성되어 있었다. 대혁명을 기획하고 주도하던 사람들이 머물던 건물의 1층에 있는 카페에서 커피 한잔을 마시며 변혁의 역사현장을 바라보았다. 현대의 민주주의가 시민의 힘을 토대로 태동하였던 시대적 상황을 그려보며 봉건시대의 신민이 공화정의 시민으로 성장하게 만든 그들의 희생을 기렸다.

오후에는 바스티유광장을 지나 이탈리아 피렌체의 메디치 가문에서 태어나 프랑스 앙리 4세와 결혼하여 왕비가 되고, 후에는 루이 13세의 어머니로 섭정까지 하였던 '마리 드 메디시스(Marie de Medicis)'가 17세기에 조성한 뤽상부르공원((Jardin du Luxembourg)으로 갔다. 공원에는 많은 시민과 관광객들이 샌드위치 등으로 식사를 하며 오후를 즐기고 있어 부부도 준비한 점심식사를 하며 파리의 분위기에 동참하였다.

메디시스는 당시에 프랑스보다 발전하였던 이탈리아의 문화와 요리를 프랑스에 접목시켜 프랑스에 르네상스의 기초를 마련하였던 주요한 인물이었다. 피렌체의 피티궁전을 모델로 건축한 궁전은 현재 프랑스의 상원의사당으로 사용되고 있었고, 정원에는 아름다운 메디치 분수와 현재 뉴욕에 있는 '자유의 여신상'의 모델이 된 조각상 등이 조화롭게 배치되어 시민과 관광객이 평화로운 시간을 보내는 공간으로 사랑을 받고 있었다. 정원은 계단이 있는 이탈리아풍으로 자연스럽게 조성되어 평평하고 인공적인 프랑스식 정원과는 비교가 되었다. 유럽에서 프랑스와 이탈리아 그리고 그리스에서 로마로 이어지는 역사의 단면을 조금이나마 엿볼 수 있는 시간이 되었다.

     칠순에 떠난 86일의 유럽 자동차여행

노트르담 대성당의 공사 중 전경

뤽상부르궁전과 이탈리아식 정원

바스티유광장의 혁명탑

칠순에 떠난 86일의 유럽 자동차여행

여행경험 3: 숙소의 보증비용(Deposit)

유럽이나 미국에서 숙소에 체크인을 하면 기물 손괴에 대비하여 보증비용을 요구하였다. 보증비용은 통상 숙박비용에 상당하는 금액을 요구하여 상당한 거부감이 들었다. 이미 파손되었거나 고장 난 시설의 비용까지 청구되는 것은 아닌가 하는 걱정이 들기도 하였다. 보증비용은 다양한 여행객들이 숙박업소에 출입하다 보니 도입된 제도로 보였다. 숙소에서 숙박을 마치고 떠난 이후에도 숙소의 기물을 파손한 것이 발견되면 손해액을 바로 배상시키는 제도였다. 일상적으로 발생하는 설비의 손상은 전혀 대상이 되지 않고 숙소에서 친절하게 바로 수리하여 주었다. 화장실의 변기가 막히거나 침대 시트에 음식이 묻는 것도 문제가 되지 않았다. 유럽에서 86일간 여행하면서 크고 작은 시설의 손상이 사용하면서 발생하였으나, 어떠한 손해의 청구도 없이 해결되었고 보증 Deposit은 모두 바로 해제되었다.

당초에 불안하게 생각되던 보증비용 제도는 서로의 믿음을 담보하는 실용적인 측면도 있다는 생각이 들기도 하였다. 숙소에서 다양한 고객을 맞으며 인위적이거나 돌발적으로 발생하는 손상이나 파괴에 대비하는 제도로 자리 잡고 있었다. 이는 2023년 43일간 미주여행의 미국과 캐나다의 숙소에서도 시행되고 있었다. 미국과 캐나다에서도 어떠한 비용의 추가청구가 실제로 이루어진 사례는 없었다. 하지만 어떤 여행자는 창문을 잘못 작동시켜 발생한 비용이 보증비용에서 청구된 사례도 있으니, 항상 자신의 집에 머물 듯 숙소에서 시설을 조심스럽게 사용해야 할 필요가 있었다.

02

부르고뉴 공국의 수도 디종

여행 5~6일 차

디종으로 이동

여행 5일 차, 4월 29일, 월요일

파리를 떠나 본격적인 자동차여행으로 프랑스 중부지방의 중심 도시이자 옛 부르고뉴 공국의 수도였던 디종(Dijon)으로 향하였다.

디종은 파리의 숙소에서 350킬로미터 남쪽에 있어 파리의 시내를 벗어나 바로 고속도로로 들어섰다. 프랑스의 고속도로는 구간마다 현금이나 카드로 결제하는 체계어서 톨게이트에서 티켓을 뽑고 진입할 수 있었다. 고속도로에서는 저속차량은 3차선을 이용하고, 추월하려는 경우에는 1차선을 활용하며, 추월한 후 바로 주행선인 2차선에서 운전하는 것이 원칙이었다. 국내의 고속도로에서는 1차선의 사용에 신경을 쓰지 않는 운전습관이 있어 조심하여야 하였다.

고속도로 주변에는 봄을 맞아 유채꽃이 한창 피어 있는 푸른 초원이 펼쳐지고 있었다. 높은 하늘에는 뭉게구름이 눈을 즐겁게 하였고, 맑은 공기가 가슴을 시원하게 하였다. 고속도로에는 APRR(Autoroutes Paris Rhin Rhone)이라는 휴게소체계가 갖추어져 음식점과 주유소가 있는 정식휴게소와 테이블과 화장실만 있는 간이휴게소로 나뉘어 필요에 따라 이용할 수 있게 하였다. 우리는 음식점이 있는 휴게소에서는 커피와 간식으로 휴식을 취하고, 간이휴게소에서는 미리 준비한 볶음밥으로 점심식사를 해결하였다.

디종의 예약한 숙소(All Suites Appart Hotel, 2박, 124유로)에 도착하였으나 여기서도 간판을 찾을 수 없어 길거리를 한참 돌아야 했다. 일반적으로 유럽에서 숙소는 정식 호텔이 아닌 경우에는 대부분 식별이 어려울 정도로 간단한 표지만을 부착하고 있었다. 자동차를 길가에 정차하고 급히 전화하니 주인이 나와 주차장으로 들어가는 입구를 안내하여 주차하고 체크인 절차를 마칠 수 있었다.

여행경험 4 : 다양한 숙소

유럽에서는 숙소가 다양한 형태여서 북킹닷컴을 중심으로 호텔스닷컴, 아고다, 에어엔비를 통하여 예약하는 과정에서 온라인의 사진으로 시설과 위치를 확인하였지만, 명칭만으로 숙소의 형태가 구분되지 않는 사례가 많았다.

일반적으로 유럽에서 숙소는 호텔, 아파텔, 스튜디오, B&B, 방갈로나 샬레 등의 형태로 명칭이 되어 있었으나, 서비스의 내용과 시설의 이용방법은 명칭에 불구하고 숙소마다 달라 일일이 비교하고 판단하여야 하였다. 대부분의 숙소는 체크인을 위한 별도의 주차공간이 없어 미리 오후 4~5시에는 체크인을 위하여 숙소에 도착하는 것이 안전하였다.

내부에 별도의 차고가 있는 경우에도 주차장에 진입하는 방법이 숙소마다 상이하여 세심한 주의가 필요하였다. 주차장에 주차하기 위하여 차고 문을 여는 방법은 자동, 수동, 원격조정, 숙소키의 접촉과 같은 다양한 방법이어서 항상 확인하여야 하였다.

숙소의 열쇠도 일반화된 전자식의 플라스틱 키보다는 금속 열쇠를 사용하는 곳이 오히려 많았다. 금속 열쇠로 문을 여는 경우에는 오른쪽으로 돌렸다가 다시 왼쪽으로 한 바퀴 다시 돌려야 열리는 등 숙소마다 사용방법이 상이하였다. 일부 숙소는 안내데스크 없이 핸드폰으로 모바일키를 전송하여 무인으로 운영하는 경우도 있어 혼란을 겪는 일도 있었다.

숙소의 층수는 지하 1, 2층, 0 또는 G층, ○○층 또는 1, 2, 3층의 순서로 다양하게 표시되어 있어 엘리베이터 작동에 주의가 필요하였다. 숙소의 건물은 대부분 오래되어 엘리베이터가 있는 경우에도 좁고 낡았다. 일부의 경우에는 엘리베이터가 없어 짐을 들고 계단을 이용해 몇 층을 걸어야 하기도 하였다. 숙소에 도착하여 짐을 정리하고 시설에 적응하는 과정은 국내에서 이사하는 것만큼이나 어려워 항상 세심하게 준비하여야 하였다.

디종의 머스타드

디종에서는 숙소의 옆으로 시내를 관통하는 세느강의 지류에 화물선이 다니며 강변으로 산책길이 조성되어 있어 아침 산책이 즐거웠다.

디종을 돌아보기 위해 숙소에서 시내로 들어서니 관광명소를 안내하는 부엉이 트레일을 발견할 수 있었다. 트레일은 인도의 바닥에 동판으로 삼각형 부엉이 문양을 만들어 놓아 이를 따라가면 중세의 원형이 그대로 보존되어 유네스코세계문화유산으로 도시전체가 등록된 디종의 주요명소를 볼 수 있도록 하고 있었다.

부엉이 트레일의 표시를 따라 도시의 입구인 기욤(Guillaume)이라는 성벽문을 지나니 시민들의 휴식처가 되고 있는 다르시공원이 나타났다. 공원은 1880년에 조성된 프랑스 최초의 공공정원으로 북극곰의 조각상으로 유명하였다. 다르시공원의 카페에서 커피를 마시며 아침의 여유를 즐겼다. 유럽 대부분의 마을에는 중앙에 광장이 있어 생활과 사교의 공간으로 이용되고 있었다.

잠시의 휴식을 취하고 리베르테(Liberta)거리로 올라가니 옛 부르고뉴 공국(Duche de Bourgogne)의 영주가 거주하던 버건디궁전과 반원형의 리베라시옹 광장이 공국의 수도이던 면모를 보여주고 있었다. 공국은 1356년 프랑스 발루아 왕조의 장 2세가 영국과의 100년 전쟁에서 포로가 되었을 때 자신을 곁에서 끝까지 싸워 지킨 막내아들 '필립'에게 하사하여 1482년까지 유지되었던 중세의 영주국가였다.

버건디궁전 옆으로는 노트르담 대성당(Cathedrale NotreDame)이 있어 디종의 정신적 지주가 되고 있었다. 성당의 첨탑에는 대형 시계가 설치되어 주민에게 시간을 알려주고 있었다. 대성당의 북쪽 외벽에 소원을 들어준다는 구리로 된 부엉이 조각이 있어 관광객으로 붐비고 있었다. 부엉이 조각을 왼손으로 쓰다듬으면 소원 중 하나가 이루어진다고 하여 짝과 함께 건강한 여행을 기원하였다.

디종은 세계적으로 유명한 머스타드(겨자)의 생산지여서 대성당의 앞에 있는 직영판매점에는 관광객으로 북적이고 있었다. 디종의 머스타드는 껍질을 벗긴 겨자씨와 화이트와인 등을 배합하여 생산되어 일반적인 머스타드보다 톡 쏘는 맛이 강하고 풍부한 향으로 18세기부터 프랑스의 왕실에서도 애용되어 온 역사를 간직하고 있었다. 현재는 마이유(Maille)라는 브랜드로 디종에 본점을 두고 생산되어 샌드위치나 샐러드에 필수품으로 사용되고 있었다. 알뜰하게 여행비용을 절약하던 짝도 아들과 딸의 부부에게 선물로 주려고 가장 좋은 품질의 머스타드를 도자기에 넣어 판매하는 선물용 제품으로 두 개를 구입하고, 현지에서 사용하기 위해 보급용으로 판매되는 유리병의 머스타드를 구입하였다. 옆에서 바라보는 여행자는 짝의 자식을 향한 끝없는 사랑에 지난날 어머니의 모습이 생각나서 마음이 뭉클해졌다.

오후에는 구약에 나오는 뿔 달린 모세의 조각(당시에 빛을 발하는 모세의 모습을 뿔로 표현)으로 유명한 샹몰수도원을 찾았다. 수도원은 시내에서 상당히 떨어져 30분 정도를 걸어야 하였다. 수도원에 물을 공급하던 모세의 우물에는 구약성서에 나오는 선지자와 천사의 조각이 잘 보존되어 있었다. 현재는 정신병원으로 활용되어 수도원

의 정원에서 환자 한 사람에 2명의 간호사가 같이하는 모습을 지켜
보며 우리나라의 병원과 요양원의 간호체계를 생각하였다.

오늘은 디종의 대성당 광장에서 우연히 프랑스를 여행하고 있는
한국의 70대 초반 부부를 만났다. 이분들은 파리에 숙소를 잡고 한
달살이를 하며 리옹, 콜마르, 스트라스부르 등 프랑스의 주요 도시
를 기차를 비롯한 대중교통으로 여행하고 있었다. 이들은 파리를
떠나서는 식사를 현지의 서구식으로 할 수밖에 없다 보니 음식이
입맛에 맞지 않아 소화불량으로 고생하고 있었다. 여행에서 식사
는 현지식과 한식을 자신의 체력에 맞게 고려하여 건강을 유지할
수 있도록 준비하는 것이 필수적임을 일깨워 주었다.

본격적으로 파리를 떠나 자동차여행의 시작으로 아름다운 디종
이라는 중세풍의 작은 도시를 걸어 보니 유럽여행의 진수가 느껴
지는 하루였다.

리베라시옹 광장의 버건디궁전

상몰 수도원의 뿔달린 모세의 상

디종의 부엉이 관광트레일

칠순에 떠난 86일의 유럽 자동차여행

03

프랑스 제3의 도시 리옹

여행 7~8일 차

리옹으로 출발

여행 7일 차, 5월 1일, 수요일

부르고뉴(Bourgogne)의 중세 향기를 간직한 도시 디종을 떠나 남쪽으로 200킬로미터 떨어진 프랑스 제3의 대도시인 리옹(Lyon)으로 출발하였다.

리옹으로 향하는 길은 파리에서 디종으로 오던 길의 연속으로 끝없는 평원이 이어지고 있었다. 평원에는 밀과 포도가 봄을 맞아 푸르게 자라고 있었고, 맑은 하늘이 계속되어 미세먼지로 찌들었던 여행자의 마음을 시원하게 하였다. 고속도로에는 휴게소가 간간이 설치되어 프랑스의 풍요로운 자연에서 식사와 휴식을 취하며 여유롭게 여행할 수 있었다.

리옹에 도착하여 리옹의 센트럴 파크로 유럽에서 손꼽히는 아름다운 공원인 떼뜨도르공원(Parc de la Tete d'Or)을 찾았다. 공원에는 넓은 숲과 함께 호수가 있고 호수를 따라 산책길이 조성되어 있었다. 리옹 시민들은 마침 노동절(May Day, 5월 1일)의 휴일을 맞아 가족이나 지인들과 함께 여유를 즐기고 있었다. 정원 입구에서 잔디밭을 지나 호수에 있는 작은 섬으로 들어갔다. 공원의 섬에서 공원 입구를 바라보니 석양이 호수에 비쳐 아름다움을 더해 주고 있었다.

공원에서 휴식 시간을 갖고는 예약한 숙소로 향하였다. 예약한 숙소(Studio du Marechal, 2박 141유로)는 부킹닷컴(Booking. Com)의 사진으로는 전문업소로 보였는데, 도착하여 보니 주택가에 개인이 지하주차장을 숙소로 개조하여 운영하고 있었다. 숙박시설과 함께 침대 시트, 타월 등의 준비가 열악하여 마음에 들지는 않았다. 이렇게 예상치 못한 상황은 여행에서 흔히 발생할 수 있는 일이어서 마음을 편히 가지려고 하였다. 저녁에 비가 내리는 가운데 머나먼 이국의 주차장 숙소에서 밤을 맞는 부부는 둘이 함께하는 곳이 보금자리라는 생각으로 감사하며 하루를 마감하였다.

떼뜨도르 공원의 석양

공원의 유쾌한 거리연주

유럽의 도로에서는 제한속도가 학교나 주거 지역은 시속 30킬로미터, 마을은 50킬로미터, 도심은 50~80킬로미터, 외곽도로는 100킬로미터, 유료고속도로는 130킬로미터로 수시로 변경되고 있었다. 고속도로에서 나와 도시로 들어가게 되면 마을과 학교와 같은 장소를 지나게 되어 수시로 변경되는 제한속도를 확인하고 준수하여야 하였다.

도로의 교차로는 신호등이 없는 라운드어바웃(Roundabout)이라는 원형교차로가 대부분이었다. 원형교차로는 별도의 신호등이 없이 우선 진입한 차가 교차로를 진출한 후에 순서에 따라 진입하는 체계여서 교통신호등에 익숙하였던 여행자는 여행의 초반부에 상당히 혼란을 겪었다.

교통표지는 대부분의 경우에 도로의 앞이 아니라 옆에 있어 간과하게 되는 일이 수시로 발생하여 긴장하곤 하였다. 도로에는 정지(Stop)와 양보(Yield) 표지가 곳곳에 설치되어 안전한 운전을 유도하고 있었다. 유럽이나 미국에서 'Stop'과 'Yield'의 표지는 운전에 매우 중요한 사인이므로 항상 신경을 써야 하였다.

일부의 대도시에는 환경문제로 배기가스를 통제하여 시내에 진입하는 경우에 별도의 허가를 받아야 하는 사례도 있었고, 문화재와 주민의 생활을 보호하기 위해 출입을 아예 금지하는 ZTL과 같은 통제구역이 많아 미리 확인하고 운전에 주의를 기울여야 하였다.

리옹의 신구조화

리옹은 프랑스에서 파리, 마르세유에 이어 제3의 대도시로 기원 전부터 알프스 이북 갈리아(Gallia)지역의 중심지로 성장하였다. 고대 역사의 흔적이 그대로 남아 있으면서도 현대문명이 꽃을 피우고 있는 활발한 도시였다.

봄비가 내리던 어제 저녁의 날씨는 아침에 일어나니 맑은 하늘을 보이고 있었다. 식료품점을 가지 못해 저녁에 해둔 밥과 달걀로 간단히 아침식사를 해결하고 리옹 시내로 향하였다. 리옹 시내에서 가장 크다는 벨크로(Bellecour)광장의 노천카페에서 일정을 시작하였다.

리옹 시내를 가로지르는 론강과 손강의 다리를 지나 구시가지의 중심거리에서 생장 대성당(Cathedrale Saint Jean Baptiste)으로 걸었다. 대성당은 중세 리옹의 미술, 조각, 건축 그리고 과학까지 집합된 산물이었고, 가톨릭 신자가 대부분인 리옹 시민의 정신적 지주가 되고 있었다. 생장 대성당을 나와 30분을 걸어 리옹의 언덕에 있는 푸르비에르 대성당(Basilique Nortre Dame de Fourviere)으로 올랐다. 대성당은 19세기 말 전투에서 프로이센이 철수한 것을 기념하기 위해 리옹의 언덕에 건설된 것으로 리옹의 시내가 한눈에 펼쳐지고 있어 구시가지와 신시가지가 조화롭게 대비되는 광경을 조망할 수 있었다.

성당에서 언덕을 내려오니 기원전 15년에 만들어진 것으로 추정되는 리옹의 명소인 갈로로마극장(Theatres Romains)이 나타났다. 야

"

외의 원형극장으로 계단을 층층이 만들어 1~2만 명이 함께 즐길
수 있도록 하였다. 유적에서는 기원전에도 풍요롭던 갈리아의 생
활상을 느낄 수 있었고, 지금도 음악 공연장으로 이용되고 있을 정
도로 잘 보존되어 있었다.

　갈로로마극장에서 내려와 손강과 론강을 다시 건너 시가지를 걸
었다. 기원 전후의 역사와 문화 그리고 현대의 산업이 균형을 이루
며 발전하고 있는 인구 300만의 프랑스 대도시 분위기를 느끼는 하
루 여정이었다.

푸르비에르 대성당의 전경

갈로로마 극장과 리옹 시내

리옹 대성당의 검은 성모님

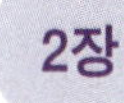

중세와 르네상스와의 만남

여행 9~20일 차, 5.3~5.14

01

유럽의 관문 밀라노

여행 9~11일 차

밀라노로 이동

여행 9일 차, 5월 3일, 금요일

프랑스의 리옹에서 고대와 중세 그리고 현대가 조화를 이루며 번영하고 있는 대도시의 생활상을 살펴본 후, 알프스를 넘어 이탈리아 롬바르디아(Lombardia)평원의 밀라노(Milano)로 향하였다. 밀라노는 세계적인 패션의 도시이자 로마제국에서 기독교를 최초로 허용한 밀라노칙령(Editto di Milano)이 서기 313년에 발표된 도시다.

밀라노는 리옹에서 450킬로미터 남쪽에 위치하여 프랑스 부르고뉴지방의 평원을 지나 알프스를 넘어가야 하였다. 리옹의 숙소에서 나와 고속도로로 진입하여 교외로 나오니 봄의 향기를 머금은 밀밭과 채소밭이 맑은 하늘의 뭉게구름과 어울려 장관을 연출하고 있었다.

칠순에 떠난 86일의 유럽 자동차여행

프랑스에서 드넓은 평원을 남쪽으로 300킬로미터를 달리니 유럽의 기둥 역할을 하는 알프스가 나타났다. 알프스가 가까워지며 산봉우리에는 만년설이 하얀 자태를 드러내고 있었다. 고도가 2,000미터를 넘어서자 귀도 먹먹해지기 시작하였다. 프랑스에서 이탈리아로 넘어가는 알프스산맥의 몽블랑 터널(Tunnel du Mont Blanc) 안쪽에서 발생한 차량의 전복 사고로 한참을 터널 앞에서 기다려야 하였다. 사고가 정리되어 통행료를 지불하고 12킬로미터가 넘는 긴 터널을 지나 이탈리아로 들어서니 롬바르디아평원이 펼쳐지고 있었다. 프랑스 파리에서 출발하여 밀라노까지 1,000킬로미터를 달려오면서 알프스산맥을 중간에 넘고는 부르고뉴와 롬바르디아 평원이 계속되고 있는 것이었다. 유럽의 이탈리아와 프랑스에서 2000년 전부터 문명이 발달하고 풍요를 누린 환경적 토대를 확인할 수 있었다.

밀라노의 숙소에 도착하여 체크인하고 보니 주방이 없는 객실이었다. 숙소(Camplus Turro Casa per Ferie, 3박 305유로)는 대형업소였으나, 주방이 없으면 요리가 어렵기에 상당히 곤혹스러웠다. 아마도 온라인으로 사진만 보고 예약하다 보니 착오가 있었던 것으로 보였다. 인터넷으로 예약하는 일상이 여행을 편리하게도 하였지만, 현실은 생각한 것과는 조금씩 달라 적절하게 대응하여야 하였다. 임시방편으로 전기밥솥에 물을 넣고 남은 고기로 김치찌개를 끓여 저녁식사를 해결하였다. 대학교 3학년의 젊었던 20대 초반에 입대하여 34개월간 군대에서 훈련으로 야영하며 배운 현장 대응력이 발휘되는 순간이었다.

프랑스에서 이탈리아로 넘어오며 언어도 프랑스어에서 이탈리아어로 바뀌었다. 사람들의 성향이나 생활습관도 상이하여 여행의 묘미를 느끼게 하였다. 장기여행을 하다 보면 사회와 문화의 체계가 다르고, 의사소통까지 어려워 다양한 시행착오를 겪게 되었다. 여행에서 이렇게 쌓은 경험은 다음 여정의 보약이 되기도 하였지만, 실제로 닥치는 상황에서는 진땀을 빼곤 하였다. 그래도 그동안의 경험을 바탕으로 해결하기는 하였지만, 여행길의 이름 모를 천사들이 커다란 도움을 주었다. 항상 친절하게 이웃을 대하는 겸손함과 도움을 요청하는 사람에게 기꺼이 도움을 주는 "노블레스 오블리주(Noblesse Oblige)"의 너그러운 마음을 가져야 한다는 교훈을 주고 있었다.

프랑스에서 알프스와의 만남

여행경험 6: 의사소통

　유럽에서 의사소통은 대부분 영어로 가능하였으나, 영어로 소통이 안 되는 경우도 있어 대응이 필요하였다. 프랑스에서는 불어, 이탈리아에서는 이탈리아어, 독일이나 오스트리아에서는 독일어가 현지에서 사용되고 있는 것이었다. 이러한 상황에서 핸드폰 번역기가 매우 유용하게 활용되었다.

　상점의 물품은 대부분 현지어로만 설명이 되어 있어 글자를 번역하는 구글의 번역기가 필수적이었다. 대화에서도 가끔씩 불편한 경우에는 즉시 통역하여 주는 기능을 활용하였다. 식수를 구입하는 경우에도 유럽에는 탄산이 함유된 물이 많아 이를 번역기로 확인하여 순수 맑은 물(Pure Mineral Water)을 선택하여야 하였다. 교통표지도 현지어로만 되어 있어 길을 잘못 찾는 일이 발생하였다. 특히, 고속도로에서 지역의 방향표지와 경고표지가 현지어로만 표기되어 있어 내비게이션의 안내에도 불구하고 반대방향으로 진입하는 경우까지 발생하곤 하였다.

　식당에서 메뉴판의 내용도 이해하기가 어려워 그림으로 재료를 판단하여 주문하기도 하였다. 종업원이 음식을 영어로 설명하여도 실제로는 재료가 생소하여 생각한 것과 다른 음식이어서 입에 맞지 않는 경우가 발생하였다. 이렇게 음식의 내용과 재료를 알지 못하는 일이 반복되어 가능한 한 앉아서 주문하는 레스토랑(Restaurant)은 피하고, 만국 공통의 음식을 주문할 수 있는 카페테리아(Cafeteria)를 선택하곤 하였다.

밀라노의 패션과 가톨릭의 인정

밀라노의 아침은 맑고 기온도 10도 내외여서 여행하기에 쾌적하였다. 숙소에는 주방이 없는 대신에 식당에서 아침을 제공하고 있었다. 이탈리아식으로 다양하게 제공되는 식사를 여유롭게 마치고, 이탈리아 제2 대도시이자 경제 중심지인 밀라노의 시내로 출발하였다.

밀라노는 대도시이고 관광객이 많아 안전에 더욱 신경이 쓰였다. 자동차는 내비게이션을 이용하여 평판이 좋은 주차빌딩에 주차하고, 주차된 위치를 기억하기 위해 주위를 사진에 담아서 주차위치를 찾기에 어려움이 없도록 대비하였다.

주차빌딩에서 나와 지난날 밀라노의 영주가 살았던 스포르체스코성(Castello Sporzesco)으로 갔다. 스포르체스코성은 밀라노의 대표적인 르네상스 건축물로 1450년에 미켈란젤로, 부르넬르스키 등 당대 르네상스를 이끌던 최고의 건축가들이 참가하여 완성하였다. 성에는 미켈란젤로가 조각한 세 개의 피에타 조각 중 마지막 작품인 론다니니(Rondanini) 피에타상이 전시되고 있어 많은 관광객이 줄지어 관람하고 있었다. 미켈란젤로가 1564년 89세에 사망하기 직전까지 작업한 작품으로 그의 죽음에 대한 깊은 명상과 영혼의 구원을 표현한 미완성의 조각으로 깊은 여운을 남기고 있었다. 피에타는 죽은 예수를 안고 있는 성모 마리아의 슬픔과 영적인 분위기가 특징적으로 조각되어 여행자에게 감동을 주고 있었다.

스포르체스코성을 둘러보고 밀라노의 중심인 카스텔로 광장을 지나, 세계 3대 성당 중의 하나라는 밀라노 대주교의 성당인 두오모 대성당(Duomo di Milano)으로 갔다. 대성당은 1386년에 착공하여 500년의 긴 건축 끝에 1858년에 완공되었다. 고딕풍의 첨탑 135개로 이루어져 나폴레옹이 이탈리아를 정복하고 이탈리아의 왕으로 대관식을 거행하였던 역사를 간직하고 있었다. 종교가 모든 것을 지배하던 시기에 하느님을 향한 인간의 간절함이 성당의 첨탑에서 절절히 느껴지고 있었다.

대성당에서 연결되는 길을 따라가니 이탈리아의 패션과 명품으로 유명한 쇼핑몰이 나왔다. 이 쇼핑몰은 1865년에 건설된 것으로 19세기 말 이탈리아 통일운동(레소르지멘트)의 중심인물이자 이탈리아왕국의 초대 국왕이었던 빅토리오 엠마누엘(Vittorio Emamuele) 2세의 이름을 딴 갤러리로 프라다, 루이비통, 구찌 등의 명품상점이 즐비하게 들어서 있었다. 갤러리 중앙교차로의 바닥에는 이탈리아를 대표하는 4대 도시인 로마, 피렌체, 밀라노, 토리노의 상징문양인 로물로스, 백합, 붉은 십자가, 황소가 모자이크로 새겨져 있었다. 바닥의 모자이크 문양 중 토리노를 상징하는 황소의 생식기 부분을 발뒤꿈치로 밟고 한 바퀴 돌면 소원이 성취된다고 하였다. 우리 부부도 건강하고 보람찬 여행을 소원하며 한 바퀴 돌면서 관광객들과 함께 하는 시간을 가졌다.

갤러리를 나와 10분 정도 걸어 오페라극장으로 세계적 명성이 있는 스칼라극장(Teatro alla Scala)으로 갔다. 이 극장은 1778년 개관되어 푸치니의 나비부인, 베르디의 아이다 등이 초연되었고, 우리나라의 오페라 가수 조수미도 공연한 음악의 명소였다. 스칼라극장은 세계 3대 오페라 극장 중의 하나로 오페라 가수와 지휘자들이

스칼라극장의 무대에 오르는 것을 영광으로 여기는 역사와 명성을
자랑하고 있었다. 밀라노에서 종교, 역사, 음악과 같은 주요 명소를
걸어서 돌아보니 어느새 밀라노에서의 하루가 저물고 있었다.

밀라노의 광장문화

두오모 대성당

 칠순에 떠난 86일의 유럽 자동차여행

미켈란젤로의 론다니니 피에타상(미완성)

밀라노의 현대와 중세의 조화

코모에서의 하루

유럽여행에서의 여유를 찾기 위해 밀라노의 숙소에서 북쪽으로 50킬로미터 떨어진 곳에 있는 휴양지인 코모(Como)라는 도시를 찾았다. 코모는 이탈리아와 스위스의 국경에 위치하고 있고, 알프스의 빙하에서 발원한 큰 호수가 있어 로마시대부터 귀족이나 부호들의 휴양지로 각광을 받아온 곳이었다. 베르디, 리스트 등의 예술가들도 이곳에서 영감을 받았다고 하였다. 지금은 마돈나 베컴 등과 같은 스타들이 별장을 가지고 지내는 곳이기도 하였다.

밀라노의 시내를 벗어나 코모로 가는 길은 탁 트인 시야에 높은 하늘이 여행자를 반기고 있었다. 코모에 도착하여 성당에서 유럽여행 후 처음으로 주일미사를 보았다. 개인적으로 신부님께 청한 안전한 여행을 위한 안수기도와 파이프 오르간의 성가연주가 그간 여행의 준비와 유럽 상황에 적응하느라고 힘들었던 고단함을 풀어주었다.

코모에는 오래전부터 형성된 휴양마을답게 시내가 깨끗하게 정비되어 있었다. 시내를 걸어 나와 알프스의 산이 물 위에 드리워진 넓은 호수로 나왔다. 빙하가 녹아 형성된 호수에는 유람선과 요트가 떠다니는 평화로운 모습이었다. 로마시대부터 지금까지 휴양지로 각광받고 있는 이유를 알 수 있을 것 같았다.

호숫가의 아름다운 산책길을 걸으며 부부는 한국의 어린이날을 맞아 지난날 아들과 딸을 키우며 살아온 인생길을 돌아보았다. 깊은 산속의 맑은 호수가 주는 평온함에 부부는 젊은 날에 산정호수와 남이섬에서 데이트를 즐기던 추억에 젖기도 하였다. 이제 유럽 여행도 13일을 지나면서 막연하기만 하던 일정이 조금씩 현실감으로 채워져 가고 있었다. 코모에서의 하루는 여행에서의 에너지를 충전하는 시간이 되고 있었다.

코모호수와 짝의 어울림

여행경험 7: 식사와 건강의 유지

해외에서 장기로 여행을 하는 경우에 식사를 제대로 하여야 건강을 유지할 수 있기에 가능한 한 균형된 식사를 하도록 노력하였다. 주방과 냉장고가 설치된 숙소를 미리 확인하고 예약하여 현지의 신선한 재료로 요리가 가능하도록 하였다.

아침은 숙소에서 야채와 과일을 곁들여 식사하고, 점심은 주먹밥이나 볶음밥과 여행용 마른국(미역, 시래기, 황태)을 준비하였으며, 저녁은 싱싱한 생선이나 육류를 요리하여 섭취하였다. 특히, 저녁식사로 현지의 생선인 대구 등으로 끓인 다양한 매운탕은 와인과 조화를 잘 이루었다. 여행이 진행되면서 피자나 스파게티도 입맛에 맞아 오찬으로 도시락을 대신하기도 하였다. 점심을 현지의 식당에서 해결하게 되면 아침의 여행 준비가 간편하여 여유가 생기는 장점이 있었다.

현지에서 음식문화를 체험하는 것도 여행의 일부이기에 이름난 음식에는 적극적으로 도전하려 하였다. 유럽은 아침시간에 광장의 카페에서 커피와 오후에 아이스크림인 젤라토를 즐기는 시간이 일상이기에 부부도 어느덧 생활의 일부로 삼고 있었다. 행복은 작은 것을 스스로 즐기는 것이기에 이러한 유럽의 광장문화에 동참하려고 노력하였다.

02

지중해의 항구도시 제노바:
친퀘테레, 피사

여행 12-14일차

제노바와 콜럼버스

여행 12일 차, 5월 6일, 월요일

밀라노에서 3일을 보내고 남부로 160킬로미터를 달려 서부 지중해의 무역 중심지인 제노바(Genova)로 향하였다. 밀라노에서 제노바로 가는 길은 비옥한 롬바르디아 평원을 지나, 이탈리아를 동서로 가르는 아펜니노(Appennini)산맥을 넘어, 지중해의 태양이 반기고 있는 리구리아(Ligure) 해안으로 다가가고 있었다. 고속도로의 옆으로 평야, 산, 바다가 이어져 풍경이 다채롭게 펼쳐지고 있었다. 밀라노에서 토리노를 거쳐 제노바가 이루어지는 북서부의 삼각지대는 이탈리아의 핵심 공업지를 형성하여 섬유, 자동차, 조선 등의 산업으로 이탈리아의 경제를 이끌고 있었다.

제노바는 인구가 65만 명에 이르는 이탈리아 최대의 항구도시로 기원전 6세기경부터 지중해를 기반으로 해상무역이 발전한 도시였다. 중세에는 제노바 공국으로 베네치아, 피사, 아말피와 함께 지중해의 패권을 겨루며 경쟁하던 유서 깊은 도시였다. 제노바의 도심으로 들어가 유네스코문화유산으로 지정된 아름다운 비아가리발디(Via Garibaldi)거리를 걸어 제노바 공국의 두칼레궁전(Palazzo Ducale)을 관람하였다. 제노바가 지중해의 관문 역할을 하며 십자군 전쟁 전후에는 유럽정치의 중심지가 되었던 현장을 확인할 수 있었다.

제노바의 궁전을 나와 금융과 무역으로 번성한 페라리(Ferrari) 광장으로 나오니 도시분수를 가운데에 두고 여러 도로가 연결되어 있었다. 페라리 광장의 옆에는 제노바 시민의 안식처인 제노바 대성당(Cattedrale di SanLorenzo)이 옛 정취를 나타내고 있었다. 이탈리아는 가톨릭 신자가 주민의 80~90%를 차지하고 있어 성당이 일상생활의 중심이 되고 있었다. 대성당은 로마시대 5세기에 흑백의 줄무늬로 건축되어 역사의 향기를 품고 여행자를 맞고 있었다. 성당 입구의 파사드에는 성경 내용이 청동으로 정교하게 조각되어 있어 문자가 보편화되지 않았던 시대에 일반 신자에게 하느님 말씀을 전하려 하던 열정을 확인할 수 있었다.

도심의 도로는 지난날 마차가 다니던 길이 그대로 자동차가 다니는 길로 사용되고 있어 매우 좁고 복잡하였다. 역사적인 건축물이 즐비하여 재개발에 한계가 있는 도시 특성을 반영하고 있었다. 대성당을 지나 1492년에 아메리카대륙을 탐험하여 유럽을 세계로 향하게 하였던 콜럼버스(Christopher Columbus)의 생가를 찾았다. 옛 가옥이어서 특별한 볼거리는 없었지만, 그의 항해를 스페인이 아니라 모국이던 이탈리아가 항해를 지원하였다면 지금의 아메리카대륙은 아마도 이탈리아가 선점하였을 것이라는 생각이 들었다.

제노바의 시내를 돌아보고 나니 어느덧 저녁이 되어 예약한 숙소로 향하였다. 숙소(Airport House Mariei, 2박 185유로)는 예약정보의 사진으로는 대형건물의 업소여서 쉽게 찾을 수 있으리라 생각하였으나, 실제는 주소지에 어떠한 표지도 없어 인근의 식료품점 주차장에 정차하고 한참을 찾다가 결국 전화로 연락하여 주인의 안내를 받아야 했다. 숙소는 식료품점이 있는 건물의 일부를 사용하여 온라인으로 예약받아 운영되고 있었다.

이탈리아 특유의 활달함을 가진 주인은 체크인 전에 자동차의 주차를 위해 지하주차장의 문을 열쇠로 열어 주었다. 지하주차장으로 들어가서는 구분된 숙소별 주차공간의 철제문을 열고서야 주차가 가능하였다. 주차를 마치고 지하에서 엘리베이터를 타고 4층으로 올라가니, 입구의 현관에 또 다른 잠금장치가 있어 이를 열고서야 예약된 방으로 들어갈 수 있었다. 숙소에 들어가기 위해 건물에서 4번에 걸친 안전장치를 거쳐야 하는 구조였다. 유럽의 치안과 이를 대비하는 체계에 어느 정도는 익숙해지고 있었지만, 이곳에서 숙소를 출입하는 과정은 너무 복잡하여 반복하여 확인하여야 하였다.

페라리광장의 분수와 금융가

제노바 대성당의 제대

칠순에 떠난 86일의 유럽 자동차여행

제노바 대성당 앞의 예수님

친퀘테레의 해안절벽

여행 13일 차, 5월 7일, 화요일

제노바의 숙소에서 100킬로미터 남쪽에 위치한 리구리아 해안의 다섯 마을인 친퀘테레(Cinque Terre)로 향하였다. 우리나라의 어느 항공사에서 유럽에서 한달살이하며 휴식하고 싶은 가장 좋은 장소로 선정한 해안마을이었다. 친퀘테레의 다섯 마을은 몬테로소(Monterosso), 베르나차(Vernazza), 코르닐리아(Corniglia), 마나롤라(Manarola), 리오마조레(Riomaggiore)를 지칭한다. 친퀘테레는 깎아지른 듯한 지중해의 절벽에 형성된 마을로 도로가 매우 험하여 자동차 대신에 기차를 이용하기로 하였다. 친퀘테레와 주변지역을 가는 교통허브인 라스페치아역(La Spezie Centrale)에서 다섯 마을을 모두 여행할 수 있는 티켓을 구입하였다. 기차를 타고 가장 멀리 있고 커다란 해수욕장이 있다는 몬테로소 마을을 먼저 가기로 하였다.

몬테로소로 가는 기차의 왼편으로는 지중해의 파도와 푸른 하늘이 절경을 펼치고 있었다. 기차를 기다리다 캐나다에서 여행 온 중국계 대학생 모녀를 만나 동양인으로서 서양에서 겪는 생활의 애환에 관해 이야기를 나누었다. 여행자는 1985년 미국 유학에서 겪었던 문화적 충격의 기억을 되살리며 서양의 개인을 중시하는 기독교적 문화와 동양의 가족과 공동체를 우선하는 문화의 차이로 갈등을 겪고 있는 젊은이의 사연에 공감하였다.

기차를 타고 25분 정도를 가서 몬테로소에 도착하였다. 기차역을 나와 조금 걸으니 그림에서 보던 아름다운 해안마을의 전경이 나타났다. 해안절벽에 알록달록한 집들이 옹기종기 모여 마을을 형성하고 있었다. 마을 앞에는 모래 해변이 넓게 펼쳐져 해수욕을 즐기는 관광객의 여유로운 장면이 평화롭게 다가왔다.

몬테로소를 나와 다섯 마을 중에서 가장 아름답다는 베르나차로 가기 위해 다시 기차역으로 향하였다. 베르나차에는 중세에 지은 산타마르게리타 성당과 베르나차 성이 형형색색의 집들과 조화를 이루고 있었다. 베르나차 광장에서 절벽에 지은 색색의 집을 바라보며 험한 자연환경을 극복하고 면면히 살아온 주민들의 끈질긴 생명력을 느낄 수 있었다. 해안절벽에 집을 짓고 올리브와 포도밭도 일구며 어업으로 생계를 이어온 고단한 삶을 느낄 수 있었다. 지중해의 절경과 함께 그 아름다움의 이면에 있는 삶의 현장을 떠올리며 하루를 마감하였다.

몬테로소의 해안마을

베르나차의 가옥

중국인 모녀와의 만남

피사의 사탑

여행 14일 차, 5월 8일, 수요일

제노바에서 남동쪽으로 160킬로미터를 운전하여 피렌체로 가는 길에 피사의 사탑으로 널리 알려진 피사(Pisa)로 갔다. 피사는 중세에 베네치아, 아말피, 제노바와 함께 지중해의 해상무역에서 패권을 다투며 번영하던 도시국가였다.

피사는 기원전 로마제국시대부터 군사적으로나 경제적으로 중요한 역할을 하여 왔다. 중세이던 11세기에는 그리스, 콘스탄티노플 등과의 해상무역으로 번성하여 공국으로 독립하였다. 피사는 사라센제국과의 전투에서 승리하기도 하였으나, 13세기에 이웃 제노바와의 경쟁에서 패하여 쇠퇴한 역사를 가지고 있었다. 피사는 한창 번영하던 11세기에 지어진 피사의 사탑으로 알려져 많은 관광객이 찾고 있었다. 사탑은 언제 무너질지 몰라서, 언제 물에 잠길지 모를 베네치아와 언제 화산이 다시 폭발할지 모를 폼페이와 함께 이탈리아에 오면 반드시 보아야 하는 관광지로 꼽히고 있었다.

피사에 도착하여 성문을 지나니 바로 웅장한 피사 대성당과 세례당 그리고 종탑인 사탑이 나타났다. 피사의 대성당에 부속된 사탑은 많이 기울어져 사진으로 보던 익숙한 모습이었다. 대성당은 사라센제국과의 전투에서 승리한 것을 기념하기 위해 1064년부터 50년에 걸쳐 지어진 로마네스크 양식의 대표적 건축물이었다.

대성당의 앞에 있는 피사의 종탑은 1173년에 착공하여 1350년에 8층으로 완공되었다. 사탑은 건축 당시부터 지반이 약하여 기울어졌다고 한다. 현재는 약 5.5도 기울어져서 북쪽은 55.2미터, 남쪽은 54.5미터로 높이가 다른 상태였다. 이탈리아 정부는 1990년에 붕괴의 위험으로 10년에 걸쳐 보수공사를 하였다. 아름답고 웅장한 대성당과 사탑을 배경으로 많은 관광객이 사진을 찍고 있었다. 특히, 사탑을 배경으로 기울어진 사탑을 손으로 바치는 모습의 인증사진을 찍고 있는 것이 인상적이었다.

사탑을 지나 나오는 길에 대성당 옆의 원형 건축물인 세례당을 찾았다. 세례당은 가톨릭에 입문하는 세례의식을 행하던 장소로 당시에는 가톨릭이 국교였으므로 시민은 모두 여기서 세례를 받았을 것으로 추정되었다.

피사에서 대성당과 사탑을 돌아보고, 지역의 패권을 두고 경쟁하였던 르네상스의 중심지 피렌체로 향하였다. 피렌체는 피사에서 남쪽으로 150킬로미터 떨어져 있어 중간에 루카를 보려던 계획은 시간상의 제약으로 생략하였다.

피렌체에서는 이번 여행에서 처음으로 캠핑장의 방갈로를 숙소로 예약하였다. 캠핑장(Camping Village Poggette, 4박 306유로)은 피렌체 시내에서 30킬로미터 정도 떨어진 외곽의 언덕에 있었다. 캠핑장으로 들어가는 길에는 오래된 마을이 곳곳에 있고 좁은 길이어서 제한속도가 30킬로미터 내외로 운전에 상당한 주의가 필요하였다. 캠핑장에서 숙소를 지정받고 안내하는 전동차를 따라 들어가니, 이미 캠핑카에서 휴식을 즐기는 여행객들이 반겨주고 있었다. 특히, 프랑스의 번호판인 우리 차를 발견하고 프랑스 관광객이 달려와 어디에 사느냐고 물어 서울(Seoul)이라고 말하니 의아하게 바

칠순에 떠난 86일의 유럽 자동차여행

라보았다. 우리가 파리에서 자동차를 리스하여 여행하고 있다는 설명을 듣고는 유쾌하게 맥주를 권하며 반겨주었다. 오늘은 어버이날이어서 저녁에 아득한 기억 속의 부모님에게 감사의 기도를 드리고 와인으로 밤을 맞았다.

03

르네상스의 피렌체:
시에나, 발도르차 평원, 아시시

여행 15~20일 차

피렌체에서의 첫날

여행 15일 차, 5월 9일, 목요일

피렌체의 캠핑장 숙소에서 맞는 아침은 높은 언덕에 숲으로 둘러싸여 여행자의 마음을 평온하게 하였다. 캠핑장은 수영장과 놀이시설 그리고 식료품점과 카페까지 갖추고 있어 종합 휴양지로 역할을 하고 있었다.

피렌체(Firenze)의 시내로 들어가는 길에는 피렌체의 중심을 흐르는 아르노강(Fiume Arno)이 맞아 주었다. 주위에는 봄의 들꽃이 한창이어서 피렌체가 '꽃의 도시'라고 불리는 이유를 알 것 같았다.

피렌체의 시내로 들어가 르네상스가 태동한 중심지인 산타마리아 대성당(Cattedrale di Santa Maria del Fiore)을 찾았다. 대성당의 주위에는 영상이나 사진으로 보았던 조토의 종탑, 산 조반니세례당이 함께 있었다. 피렌체의 대성당은 1296년부터 150년에 걸쳐 아르놀포 디 캄비오 등 당대 최고 건축가들의 노력으로 완공된 르네상스식 건축물의 백미였다. 특히, 대성당의 돔은 성당 완공 이후 한참이 지나서 올려진 것으로 부르넬르스키라는 당대의 천재 건축가가 로마의 판테온신전을 연구하여 기둥 없이 400만 개의 벽돌을 상호 지탱하도록 하는 공법으로 올렸다는 배경이 있었다.

대성당 앞에는 넓은 광장이 있어 아침을 맞은 관광객들이 카페에서 휴식을 취하며 성당을 감상하였다. 대성당에 있는 높이 85미터의 종탑은 14세기 중반에 건축한 탑으로 당시 회화의 선구자인 조토가 기초를 만들고, 그의 제자 피사노가 뒤를 이어 완공하였다. 종탑에 올라가서 대성당의 아름다운 돔과 함께 피렌체 전체를 관망할 수 있었다.

종탑을 지나 피렌체의 수호성인인 산 조반니를 기리기 위해 11세기에 지어진 팔각형의 세례당으로 갔다. 세례당은 단테 등 피렌체의 시민이 세례를 받던 곳이었다. 세례당의 동쪽 청동문은 기베르티라는 조각가가 성서의 내용을 묘사하여 제작한 부조로 미켈란젤로가 "천국의 문"이라고 극찬한 조각이었다. 청동문은 기베르티가 당시에 천재 건축가이자 조각가이던 부르넬르스키와의 경쟁에서 이기고 제작하였다는 일화가 있어 더욱 흥미를 끌었다.

세례당을 지나 10분 정도 걸어가니 피렌체의 예술가와 학자들을 지원하여 르네상스의 원동력을 제공한 메디치(Medici)가문의 교회였던 산로렌초성당(Basilica di San Lorenzo)이 나왔다. 성당은 1421년부터 메디치가가 후원하였던 미켈란젤로, 부르넬르스키 등이 기존의 성당을 개축하여 르네상스식으로 지은 성당이었다. 성당의 내부에는 메디치가가 소장하던 장서를 일반 대중도 관람할 수 있도록 건립한 유서 깊은 라우렌치아나(Laurenziana)도서관이 있었다. 메디치가에서 배출한 교황인 레오 10세의 요청으로 미켈란젤로가 설계한 것으로 예술과 학문을 지원한 메디치가가 일반대중을 대하던 가풍을 느낄 수 있었다. 산로렌초성당을 지나 20분 정도를 걸어 르네상스의 천재들이 잠들어 있는 산타크로세(Basilica of Santa Croce)성당을 찾았다. 성당은 1294년에 설계하여 1442년에 완공한 것으로, 여기에는 부르넬르스키, 미켈란젤로, 라파엘로, 갈릴레오 등과 같이 르네상스를 이끌었던 300여 명의 천재들이 안치되어 있었다. 르네상스를 이끌었던 그들이 인류사에 미친 영향과 활동상황을 회상하며 피렌체에서의 첫날 일정을 보냈다.

카페에서 미국 덴버에서 온 여행객과의 휴식

칠순에 떠난 86일의 유럽 자동차여행

아르노강의 피렌체

기베르티의 청동문 조각

피렌체에서의 둘째 날

여행 16일 차, 5월 10일, 금요일

피렌체에서의 둘째 날에는 떠오르는 태양을 바라보며 아르노강을 건너 피렌체의 정치 중심지였던 시뇨리아 광장(Piazza della Signoria)으로 갔다.

광장에는 르네상스의 후원자였던 메디치 가문의 "코스모 데 메디치"의 기마상이 있었다. 그는 피렌체에서 금융업으로 막대한 부를 이룬 영주로 그가 15세기 르네상스기에 피렌체의 천재 예술가들이 마음껏 창작활동을 할 수 있도록 지원하여 피렌체가 르네상스의 중심이 되도록 한 인물이었다. 한 지도자의 역할이 인류의 역사를 바꾼 계기를 마련한 것이었다. 그의 기마상 앞에는 미켈란젤로의 다비드(David), 도나텔로의 유디트(Judith)와 홀로페르네스(Holofernes) 등과 같은 조각상이 있어 르네상스를 현장에서 감상할 수 있었다. 마키아벨리가 현실적인 정치적 리더십을 강조하며 강력한 군주의 필요성을 제기한 『군주론(Il Prince)』은 코스모의 손자이자 "위대한 로렌초"라 불리는 "로렌초 데 메디치"에게 헌정한 저서로 책의 의미를 다시 생각하게 하는 계기가 되었다.

시뇨리아광장에서 바다의 신인 넵튠(Nettuno)을 기리는 웅장하고 화려한 분수를 지나 16세기까지 피렌체 공국의 청사였던 베키오궁전으로 갔다. 궁전의 안으로 들어가니 돔형의 기둥으로 이어진 안뜰에는 메디치가의 전투 장면을 그린 프레스코화가 벽면에 장식되어 당시를 설명하고 있었다. 베키오 궁전에서 메디치가가 소장하던 예술품을 전시하고 있는 우피치 미술관으로 걸었다. 이곳에는

칠순에 떠난 86일의 유럽 자동차여행

레오나르도 다빈치, 라파엘로, 보티첼리, 미켈란젤로 등과 같은 당시 거장들의 작품이 전시되고 있어 수많은 관광객으로 붐비고 있었다.

피렌체 시내를 관통하는 아르노강에서 피렌체가 배출한 중세의 대문호 단테가 사랑하던 베아트리체를 처음 만났다는 베키오 다리를 건넜다. 단테는 실제로 베아트리체를 제대로 사귀지는 못하고 마음으로 사모하였다고 한다. 단테가 저술한 중세 서양문학사의 걸작인 『신곡(La Divina Commedia)』이라는 장편 서사시에서 베아트리체의 안내를 받아 천국을 여행하며 신의 영광을 경험하던 내용을 떠올렸다.

아르노강을 건너 피렌체에서 메디치가와 경쟁관계에 있던 피티가의 궁전으로 사용되다, 메디치가가 넘겨받아 메디치가의 주된 궁전으로 활용되었다는 피티궁전(Palazzo Pitti)으로 갔다. 피티궁전은 현재 박물관과 미술관으로 활용되고 있었다. 궁전을 지나 30분을 걸어 피렌체의 아르노강 남쪽 언덕에 있는 피렌체에서 가장 유명한 전망대인 미켈란젤로광장(Piazzale Michenlangelo)으로 올라갔다. 미켈란젤로광장은 아카데미아(Accademia)미술관에 전시되어 있는 다비드상의 청동복제품, 산로렌초 성당에 있는 밤, 낮, 새벽, 황혼이라는 시간의 흐름과 삶에 대해 표현한 미켈란젤로의 조각품으로 꾸며져 있었다. 언덕에서 바라보는 피렌체대성당, 베키오 다리, 아르노강 등은 석양과 어우러져 옛 역사를 대변하고 있었다. 피렌체 시내를 한눈에 조망하며 종교를 통해 신이 지배하던 중세에서 인간을 중심으로 사고하며 르네상스를 이끌었던 천재들이 일생을 바친 치열한 열정을 느껴 보았다.

　중세의 르네상스는 수많은 천재의 노력으로 인간이 종교에 매몰되었던 1000년의 역사를 뒤로하고, 인간성을 회복시켜 종교가 인간의 행복을 위해 존재하는 현대 정신세계의 탄생을 알렸다. 이러한 역사적 사건의 현장을 돌아보며 현대 지식정보문명의 고도화시대에서 인간의 갈등과 전쟁이 반복되고, 상대적 약자가 생존할 수 있는 토대가 붕괴되는 인간성 상실의 위기에 대응하여 가치체계를 다시 정비하여야 한다는 생각이 여행자의 머리를 스치고 있었다.

미켈란젤로 언덕에서의 피렌체

시뇨리아 광장의 르네상스 조각

베키오 다리의 추억

시에나의 영광

여행 17일 차, 5월 11일, 토요일

피렌체에서의 셋째 날에 남쪽으로 50킬로미터를 달려 중세 11세기부터 16세기에 피렌체와 지역의 패권을 다투던 시에나(Siena)로 향하였다.

시에나는 고대 로마가 자리를 잡기 이전인 기원전 8세기부터 기원전 2세기까지 에트루리아인(Etruschi)들이 문명을 이루며 도시를 이루어 살던 지역이었다. 중세에는 피렌체와 대등한 힘과 부를 축적한 공국이었다가 1555년에 피렌체로 합병되어 쇠퇴하였다. 당시에 시에나파(Sienese School)라고 불리는 섬세하고 서정적인 예술의 한 분야를 형성하며 유럽의 예술사에 큰 영향을 미치고 르네상스에 일조하기도 하였다.

시에나는 도심 전체가 자동차 통행금지지역(ZTL)으로 지정되어 도시의 외곽에 차를 주차하고 20분 정도 걸어 도심의 중심인 캄포광장(Piazza del Campo)으로 갔다. 광장은 조개 모양으로 포장하여 시에나의 지역을 상징하는 9개의 구역으로 구분되어 있었다. 이 광장은 시민들이 사교와 정치의 장으로 활용하는 공간으로 매년 7월 2일과 8월 16일에 시에나의 17개 콘트라다(마을)를 대표하는 기수들이 안장 없는 말을 타고 광장을 세 바퀴 도는 팔리오축제(Palio di Siena)가 개최되고 있었다. 이탈리아의 전역에 언론으로 생중계되고 있을 정도로 중요한 축제이며, 지역주민의 단합을 이끄는 행사라고 하였다.

캄포광장의 앞에는 14세기에 건축된 시에나 공국의 청사인 퍼블

리코(Pubblico)궁전이 있었다. 지금은 시청사로 활용되고 있었고, 일부는 박물관으로 개방되어 있었다. 궁전의 왼편에는 이탈리아의 고대 탑 중에서 가장 높다는 102미터의 만지아탑(Torre del Mangia)이 높이 솟아 있어 시에나 시내와 토스카나 평야를 관망할 수 있게 하고 있었다.

캄포광장에서 도심의 샛길을 따라 올라가니 시에나가 세상에서 가장 아름답고 크게 건축하려다 14세기 흑사병의 창궐로 규모가 축소되었다는 시에나 대성당(Duomo di Siena)을 볼 수 있었다. 대성당의 건축은 1196년부터 200년에 걸쳐 이루어졌으며, 입구에는 1284년 피사노(Giovanni Pisano)라는 조각가가 완성한 파사드(Façade)가 성서의 내용을 입체적으로 묘사하며 당시에 신을 향하던 인간의 노력을 느낄 수 있었다.

시에나는 15세기에 피렌체와의 경쟁에서 패배하는 바람에 쇠퇴하여 지금과 같이 중세의 도시가 온전히 보존될 수 있었다고 한다. 피렌체와의 경쟁에서 승리하였다면 중세 시에나의 모습도 많은 변화를 겪었을 것이었다. 중세에 도시국가들이 경쟁하며 성장하던 이탈리아 중부의 상황이 아스라이 그려지는 하루였다.

캄포 광장의 전경

캄포 광장에서 젊은이의 정열적인 퍼포먼스

중세건물의 현대 갤러리

피렌체에서의 정리

여행 18일 차, 5월 12일, 일요일

이탈리아 중부에서 중세 르네상스의 현장을 돌아본 감흥을 가슴으로 느끼고 기억을 정리하기 위해 캠핑장에서 하루를 보내기로 하였다.

숙소가 피렌체 외곽의 언덕에 위치하여 자연에서의 휴식은 중세 르네상스로의 상상 여행을 편안하게 이끌어 주었다. 이번 여행의 주요 테마 중 하나가 인류의 문명세계에 대변혁을 가져온 르네상스 현장의 확인이기에 피렌체를 비롯한 이탈리아 중부도시의 여행은 큰 감동을 주었다.

종교가 정치와 결합하여 신을 향한 염원으로 매몰되었던 인간성이 1000년의 세월이 지나서야 다시 회복되던 당시 역사의 현장을 직접 보며 많은 생각을 하게 되었다. 종교에 매몰되었던 인간의 실체가 천년이 지난 15세기에 메디치와 같은 현명한 지도자의 후원으로 인간의 내세와 함께 현세의 인간성을 강조하는 자각이 천재들의 활동으로 부각된 역사는 한편의 장편 드라마와 같이 여행자의 머리를 스치고 있었다.

그동안 막연히 마키아벨리(Niccolo Machiavelli)와 같은 학자는 군주제도를 옹호하는 어용학자로 치부하던 시각도 시대의 상황에 따라 군주제가 장점으로 부각될 수도 있다는 생각이 들었다. 국가가 전쟁과 같은 위기에서 강력한 리더십을 가진 전제적인 지도자가 시대적인 영웅으로 등장하였던 역사의 맥락을 생각하는 계기가 되었다.

기원전 8세기에 시작된 로마왕국이 공화정을 도입하여 시민을 중심으로 로마제국을 형성하고 황제제도로 융성하였다가 한계를 맞으며, 지역의 봉건영주제도로 변천하여 중세의 1000년이라는 종교에 매몰된 유럽역사의 뒤안길을 살펴보았다. 유럽역사의 대부분을 차지한 절대왕정과 영주제도가 프랑스의 1789년 시민대혁명을 계기로 도입된 새로운 형태의 민주공화정이 제1, 2차 세계대전을 거치며 지구촌의 곳곳에 일반화된 사회체제로 정착하며 물질적 번영을 누리다 80여 년이 지난 지금에는 다시 한계를 드러내고 있다.

현대의 산업사회가 고도화되며 자본이라는 물질에 인간성이 함몰되어 발생하는 무한경쟁과 갈등이라는 사회질서의 혼돈현상이 안타깝게 다가왔다. 이제는 지식과 정보화라는 제4차 산업시대에 부합하고 그동안 발전하여 온 자본주의와 공화정에서 나타나고 있는 한계를 보완하는 가치체계의 정립이 시급해지고 있다는 생각이 들었다. 르네상스의 시기에 피렌체의 천재들이 고뇌하며 열정을 바쳐 인류사에 끼친 그들의 업적을 회상하고 있었다.

캠핑장의 수영장과 카페

피렌체의 캠핑장 숙소

발도르차 평원의 사이프러스

피렌체의 숙소에서 토스카나주의 발도르차 평원을 달려 몬탈치노(Montalcino)로 향하였다. 발도르차(Val d'Orcia) 평원으로 나오니 푸른 초원이 드넓게 펼쳐지고 있었다. 봄을 맞아 노란 유채꽃과 붉은 양귀비꽃이 초원을 장식하고, 포도와 올리브 밭이 이어지며 장관을 이루고 있었다.

몬탈치노로 가는 도로는 구릉을 오르내리는 일반도로여서 이탈리아 중부 평원의 그림과 같은 풍경을 마음껏 느낄 수 있게 하였다. 도로변으로 마을의 입구에 늘어선 사이프러스 나무의 고고한 자태가 많은 예술가에게 영감을 주었던 평원을 실제로 감상하고 있는 것이었다. 푸른 하늘과 높은 구름까지 어울려 마치 하늘에 떠있다는 착각이 들게 하였다. 영화 '글래디에이터(Gladiator)'에서 막시무스 집의 배경이던 유네스코세계문화유산으로 등록된 퀴리코도르차(San Quirico d'Orcia) 마을에 들렀다. 아름다운 사이프러스가 줄지어 있는 영화 속의 시골 농가는 이름이 알려지며 많은 관광객이 찾는 바람에 집주인이 개인소유라고 출입을 제한하고 있어 입구에서 인증사진을 찍는 것으로 만족하였다.

피렌체에서 150킬로미터 남쪽에 있는 중세의 소도시인 몬탈치노는 이탈리아 3대 와인 중 하나인 '브루넬로 디 몬탈치노(Brunello di Montalcino)'의 생산마을로 와인 애호가들에게는 친숙한 도시였다. 도시에 들어서니 많은 상점에서 지역의 특산품인 와인과 햄을 시식할 수 있도록 제공하면서 환영하고 있었다. 상점에서 시음과 시식을 마치고 발도르차의 아름다움을 기억하기 위해 저녁에 마실 와인과 특산품인 햄을 구입하였다. 마을 성당을 거쳐 성루에 올라 시내와 평원을 한눈에 조망하며 꿈과 같은 하루의 여행을 마감하였다.

발도르차 평원의 사이프러스

발도르차 평원의 농가

프란체스코 성인의 아시시

몬탈치노의 숙소는 개인이 운영하는 B&B(Bed & Breakfast)여서 아침을 제공하였다. 주인은 음식 알레르기(Food Allergy)까지 걱정하며 우유도 유당이 적어 소화가 잘되는 락토 프리(Lactose Free)로 준비하였다. 유럽 숙소에서 이탈리아 중부의 정성이 듬뿍 담긴 인상에 남는 아침식사였다. 아침산책으로 숙소 앞의 물안개가 피어나는 호숫가를 걷고는 로마로 향하는 길로 들어섰다. 로마로 가는 도중에 가난한 자의 성자로 추앙받는 프란체스코성인(San Francesco d'Assisi)이 활동하였던 도시인 아시시(Assisi)를 찾았다.

아시시에 도착하여 언덕으로 15분 정도 걸어 로카마조레(Rocca Maggiore)라는 14세기에 건축된 요새에 올랐다. 요새는 도시의 높은 곳에 있어 아시시의 시내와 발도르차 평원을 넓게 조망할 수 있었다. 마조레에서 아시시 마을의 중심인 코뮤네 광장으로 내려와 성인 프란체스코와 성녀 키아라(Saint Clare of Assisi)가 세례를 받았다는 산 루피노(Cattedrale di San Rufino) 성당에 들렀다. 키아라는 프란체스코 성인의 설교에 감명을 받아 18세에 수도 생활을 시작하여 프란체스코회의 여성 수도회인 가난한 부인회(Poor Clares)를 1212년에 설립하여 활동하였다.

산 루피노성당에서 북서쪽으로 20분 정도를 걸어 중세에 화장장과 공동묘지가 있던 자리에 세워진 산 프란체스코(Basilica di San Francesco)성당으로 갔다. 가난한 자와 함께하였던 성인의 유언으로 공동묘지 자리에 묻혔다가, 교황청이 1228년 그를 성인으로 삼고 그 자리에 성당을 건립하였다. 이곳은 전 세계 프란체스코수도회의 순례 장소로 성당은 하부와 상부로 나뉘어 있었다. 상부에는 르네상스의 초기 예술을 이끈 조토가 프란체스코 성인의 생전 활동을 그린 28점의 프레스코화로 화려하게 장식되어 있었다.

성당에는 수많은 순례자와 관광객으로 붐볐고 내부 촬영은 제한되어 있어 아쉬웠다. 성인은 풍요로운 부호의 가문에서 1182년 태어나 27세에 깨달음을 얻고 수도자로 생활하다 44세에 영면하기까지 병든 자와 가난한 자를 위해 일생을 바쳤다. 성인은 1209년 프란체스코수도회를 설립하여 청빈, 복종, 순종의 이념을 실천하고 전파하였다. 가톨릭에서 도미니코수도회와 같이 최소한의 탁발과 노동으로 연명하며 수도하는 모임으로 활발하게 활동하고 있는 단체였다. 프란체스코 성인은 성녀 키아라와 함께 이탈리아의 수호성인으로 추앙받고 있는 가톨릭에서 가장 존경받는 성인이었다. 아시시의 프란체스코 성인의 발자취에서 "나보다 어려운 이를 생각하는 삶"이라는 여행자의 인생 목표를 다시 다짐하며 제국의 도시 로마로 향하였다.

산프란체스코 성당의 순례객

프란체스코 성인의 옷

                칠순에 떠난 86일의 유럽 자동차여행

프란체스코 성당의 내부

여행경험 8 : 교통표지와 운전질서

유럽에서의 자동차 여행은 영국을 제외하고는 왼편에서 운전하는 국내와 같았고, 국제적으로 표준화된 교통표지가 잘 정비되어 있었다. 대부분의 교통표지는 도로의 상부에 있지 않고 좌우에 있어 자칫 간과하게 되므로 주의가 필요하였다.

유럽에서의 교통표지판은 운전자가 준수하는 표지이지 보행자에게는 참고로 생각될 정도로 보행자는 붉은 신호에도 횡단보도를 그냥 건너는 경우가 많아 당황하게 하였다. 보행자가 무단으로 횡단하여도 경적을 울리지 않고 조용히 기다렸다가 보행자가 완전히 건너면 운행하는 것이 일반화되어 있었다. 도로에 보행표지가 있는 경우에는 보행자가 없더라도 서서히 진입하여 확인하고 운전하고 있었다.

운전이 비교적 거칠다는 이탈리아에서도 사람을 우선으로 하는 교통질서는 관행으로 자동차가 우선하는 국내의 도로상황과는 상당히 다른 점이었다. 특히, 도시의 시내에서는 자동차의 운행을 최소화하고 사람과 자전거만 다닐 수 있도록 하는 도로가 더욱 증가하고 있어 많은 생각을 하게 하였다.

3장 

로마제국의 발자취: 가톨릭의 변천

여행 21~28일 차, 5.15~5.22

01

제국의 도시 로마:
가톨릭의 순례

여행 21~24일 차

로마에서의 첫날

여행 21일 차, 5월 15일, 수요일

로마에서도 피렌체에 이어 캠핑장(Camping village Rome, 5박 511유로)의 방갈로를 숙소로 예약하여 아침에 캠핑장의 숲길을 산책하고 하루를 시작할 수 있었다. 로마의 캠핑장에는 지중해 연안에 서식하는 이탈리아의 우산소나무(Pinus Pinea)가 넓은 캠핑장에 군집을 이루며 자라고 있어 운치를 더해 주었다. 샤워와 조리가 가능한 별도의 건물이 넓은 캠핑장 곳곳에 설치되어 있고, 수영장과 테니스장 등의 놀이시설도 구비되어 로마를 찾는 많은 관광객이 텐트, 캠핑카, 트레일러 등에서 휴가를 보내며 상쾌하게 아침을 맞고 있었다.

로마의 시내로 들어가기 위해 캠핑장 정문의 관리사무소에서 시

칠순에 떠난 86일의 유럽 자동차여행

내의 교통상황을 문의하니, 캠핑장의 매니저는 자동차를 숙소에 두고 메트로를 이용하라고 권고하였다. 차량의 번호판으로 외지인이 구별되어 안전상 자동차로 시내에 진입하지 않는 것이 좋겠다고 하였다. 자신도 이탈리아 남부의 시칠리아 출신이어서 항상 차량의 파손이 우려된다고 하였다. 이탈리아의 현지인도 자동차로 시내를 진입하는 것을 부담스럽게 여기는 상황이었다. 자동차로 진입하는 것을 포기하고 캠핑장에서 운행하는 서틀버스를 타고 메트로를 이용하기로 하였다. 로마의 메트로라인은 도시의 문화유산을 보호한다는 차원에서 라인 2개(A선과 B선)만 건설 운영되고 있어 비교적 쉽게 시내의 테르미니(Termini)역에 도착하여 일정을 시작하였다.

테르미니역은 로마의 중심에 위치한 역이어서 계단을 나오니 바로 트레비 분수(Fontana di Trevi)가 영화에서 보던 모습으로 나타났다. 시내에 맑은 물을 공급하기 위해 만들어진 인공수로인 수도교를 통해 들어오는 물을 활용하여 분수를 만든 것이었다. 로마에서 90킬로미터나 떨어진 아니에네(Aniene) 계곡에서 고도차를 이용하여 물을 공급하였다니 당시의 놀라운 건축기술력에 탄복하였다. 트레비 분수에서 뒤로 돌아 왼편 어깨 너머로 동전을 분수에 던지면 로마로 다시 올 수 있고, 두 번 던지면 사랑이 맺어진다 하여 많은 관광객이 시도하고 있었다.

트레비 분수를 지나 가톨릭이라는 종교가 인정되기 전에 다양한 신을 섬기던 판테온 신전을 볼 수 있었다. 판테온 신전의 지붕 돔은 벽돌을 원형으로 쌓아 올린 당시 건축과학의 산물로 엄청난 규모를 자랑하고 있었다. 르네상스가 시작되던 시기에 피렌체의 천재

건축가이자 조각가인 부르넬르스키가 기둥 없이 벽돌로만 쌓은 이 곳 판테온신전의 원형 돔을 연구하여 피렌체에 있는 두오모 성당의 돔을 완성하였다는 역사적 배경을 지니고 있었다.

판테온을 뒤로하고 프라다, 구찌 등의 명품으로 이름난 톤도티 거리에서 아이쇼핑을 하며 스페인 계단으로 걸었다. 스페인계단(Scalinata di Trinita dei Monti)이 있는 광장에는 영화 '로마의 휴일'에서 연기하던 오드리 햅번의 귀여운 얼굴이 떠올랐다. 이탈리아에서 주민의 일상인 광장문화가 친근하게 느껴져 카페에서 에스프레소와 쿠키로 로마의 여유를 즐겼다.

스페인 계단을 지나 인파로 붐비는 나보나 광장을 거쳐 교황청이 있는 성베드로 대성당(Basilica di San Pietro in Vaticano)으로 들어서는 다리로 올라섰다. 다리에서 대성당을 배경으로 사진을 찍는 한국 모녀 관광객을 만나 서로 사진을 찍어 주며 안부를 교환하였다. 다리를 건너니 장엄한 대성당과 광장이 여행자를 순례의 길로 인도하였다. 대성당은 로만가톨릭의 교황이 교황청에서 전 세계의 가톨릭을 이끄는 상징적인 장소였다. 대성당의 지역은 바티칸이라는 독립국가로 인정되고 있었다. 대성당의 넓은 광장에서 성당을 바라보는 것만으로 표현하기 어려운 영적 감흥이 밀려와 경건히 묵주기도를 드렸다. 베드로 사도부터 현재의 교황까지 1500년에 걸쳐 인류의 정신세계를 이끌던 교황들의 조각이 성당의 앞에서 로만가톨릭의 역사를 알려 주고 있었다.

이번 여정의 주요테마인 가톨릭 신자로 로만가톨릭을 순례하며 칠십을 살아온 인생을 반추하려는 계획이 실현되고 있었다. 하느님이 베풀어 주신 잔이 넘치는 순간이었다.

 칠순에 떠난 86일의 유럽 자동차여행

로마의 트레비분수

스페인 계단의 화려함

칠순에 떠난 86일의 유럽 자동차여행

로마에서의 둘째 날

여행 22일 차, 5월 16일, 목요일

캠핑장에서 어제와 같이 셔틀버스를 이용하여 메트로를 타고 로마의 콜로세오(Colosseo)역에서 내려 이천년 전에 만들어진 건축물이라고는 믿겨 지지 않는 거대한 콜로세움(Colosseum)으로 향하였다.

콜로세움은 동시에 5만 명을 수용하던 원형경기장으로 로마제국의 위용을 대변하고 있었다. 콜로세움이 그동안의 풍파에도 건축물로 이렇게 남아 눈앞에 펼쳐지고 있다는 사실에 흥분과 감탄이 절로 나왔다. 콜로세움에의 내부 입장은 일정상 온라인으로 내일로 예약되어, 바로 위에 있는 로마제국의 정치 중심지이던 포로 로마노(Foro Romano)와 로마의 건국 신화가 살아 있는 팔라티노(Palati-no) 언덕에 올랐다.

로마제국은 395년에 황제 테오도시우스 1세(가톨릭을 로마제국의 국교로 선언)가 두 아들에게 서로마와 동로마로 나누어 통치하도록 하면서 존속하다, 서로마는 476년에 게르만족 출신의 용병대장이었던 오도아케르(Odoacer)에 의해 멸망하면서 로마의 유적도 방치되었다가 조금씩 발굴 복원되고 있었다. 포로 로마노에서 당시에 황제와 귀족들이 로마의 정치, 사회, 종교를 이끌던 현장을 확인할 수 있었다. 팔라티노 언덕에 올라 로마가 기원전 8세기에 건국되던 신화를 떠올렸다. 로마의 권력을 둘러싸고 쌍둥이 형과 동생이 목숨을 걸며 패권을 다투던 상황이 상상되었다. 팔라티노 언덕에서 시내를 바라보니 "모든 길은 로마로 통하고, 로마에서는 로마법을 따르라"는 로마제국의 자부심이 느껴지는 광경이었다.

팔라티노 언덕을 내려와 미켈란젤로가 설계하였다는 캄피돌리오 광장에서 궁전을 살펴보고, 베네치아 광장으로 걸어 19세기까지 도시국가로 존재하던 이탈리아를 통일한 '빅토리오 엠마누엘 2세'를 기념하는 조국의 제단(Vittoriano)에 올랐다. 조국의 제단은 군인들이 경비를 서며 안내하고 있었다. 도시국가로 이어오던 이탈리아를 현재의 통일된 이탈리아로 건설한 국부이기에 그의 거대한 동상이 주는 분위기를 느낄 수 있었다.

조국의 제단을 내려와 영화 '로마의 휴일'에서 그레고리 펙과 열연을 펼친 오드리 햅번이 깜짝 놀라는 장면을 연출한 산타마리아 인 코스메딘(Santa Maria in Cosmedin)성당으로 갔다. 성당의 복도에서 지름 1.5미터의 커다란 원반에 바다의 신 트리톤이 입을 벌리고 있는 '진실의 입(Bocca della Verita)'을 찾았다. 진실의 입에 손을 넣어 거짓을 말하면 손이 잘린다는 일화가 있어 방문객들의 흥미를 돋우고 있었다.

콜로세움의 외관

포로 로마노의 로마제국

팔라티노 언덕의 로마

칠순에 떠난 86일의 유럽 자동차여행

로마에서의 셋째 날

여행 23일 차, 5월 17일, 금요일

로마에서의 삼일 차에 콜로세움의 내부 입장과 로마교황청이 직접 운영하는 로마의 4대 바실리카 대성당을 모두 순례하기로 하였다.

콜로세움은 아침 9시 30분 입장하는 티켓을 미리 온라인으로 구매하여 두었기에 바로 입장이 가능하였다. 어제 포로 로마노와 팔라티노 언덕을 올라가며 콜로세움의 외관을 보았지만, 원형경기장의 내부로 들어서니 거대한 규모에 화려한 정교함까지 더해져 상상을 초월하고 있었다. 콜로세움은 수로를 이용해 들여온 물로 경기장에 호수를 만들고 모의해전까지 펼칠 정도였다고 하니 지금의 기술로도 건축이 힘들 것이라는 생각이 들었다. 인류의 문명이 그동안 2000년을 발전하였어도 19세기와 21세기의 전기전자를 제외하면 그 수준에 거의 차이가 없다는 생각이 들기도 하였다.

이번 여행의 주요 테마 중 하나가 로만가톨릭을 순례하는 것이어서 오전에 콜로세움을 돌아보고는 오후에 로마의 4대 바실리카(Basilica) 대성당을 찾았다. 성조반니 라테라노 대성당(Basilica di San Giovanni in Laterno), 산타마리아 마조레 대성당(Basilica di Santa Maria Maggiore), 성곽 밖 바오로 대성당(Basilica di San Paolo fuori le Mura)과 어제 순례한 베드로 대성당으로 이루어진 로마의 4대 바실리카는 전 세계 가톨릭 신자의 주요한 순례 장소가 되고 있었다.

로마 시내의 중심에 위치한 '성조반니 라테라노 대성당'은 콘스탄티누스 황제가 313년에 가톨릭을 밀라노칙령으로 인정하고 스스로 설립한 로만가톨릭의 첫 성당이었다. 그때부터 14세기에 교황이 정치적인 이유에 의해 프랑스의 아비뇽으로 로마를 떠나기까지 교황청으로 활용되던 성당이었다. 지금도 교황이 교황청이 있는 베드로 대성당에서 즉위식을 거행하기 위해 출발하는 '교황의 길'의 출발 장소이며 로마의 주교좌 성당이었다.

성 조반니 대성당에서 한참을 걸어 '산타 마리아 마조레 대성당'으로 갔다. 전 세계 성모 마리아께 봉헌된 성당의 수장 격인 성당으로 콜럼버스가 아메리카대륙을 발견하고 가져온 금을 스페인의 국왕이던 이사벨라 여왕이 헌납하여 천장을 황금으로 장식하였다. 대성당에서 성모님의 사랑과 은혜가 가득히 느껴져 자연스럽게 두 손을 가슴에 모았다.

마조레 대성당을 나와 로마가톨릭의 체계를 형성하고 순교한 바오로 사도가 묻혔던 묘지에 지어진 성곽 밖 바오로 대성당으로 갔다. 로마 외곽의 공동묘지가 있던 이곳은 로마 시내에서 메트로로 한참을 가야 하였다. 바오로 사도는 예수님을 직접 모신 제자가 아니라, 로마제국의 시민권자로 기독교를 탄압하다 성령으로 회개하고 기독교에 입문하여 그리스도교의 논리적 체계를 확립하고 유대인 이외의 이방인에게 기독교를 전파하다 순교한 사도였다.

현재 로마교황청이 소재한 바티칸시국의 베드로 대성당은 어제 순례하였기에 로만카톨릭의 4대 바실리카 대성당을 모두 순례하였다. 순례의 길을 걸으며 2천 년에 걸친 가톨릭의 변천과정을 묵상하였다. 성령으로 가슴과 머리가 충만하여 짐에 감사의 기도를 드렸다.

콜로세움의 내부

로마의 예수님과 12사도

산타마리아 마조레 대성당의 성모님

로마에서의 단상

여행 24일 차, 5월 18일, 토요일

로마의 숙소에서 휴식을 취하며 어제의 영적 충만함을 가슴에 간직하려 하였다. 내일은 이탈리아에서 정치의 중심인 로마와 경제의 요충인 밀라노에 이어 제3의 대도시인 항구도시 나폴리로 향할 준비를 하였다.

로마에서 고대로마가 기원전 8세기(753년)에 세력을 형성하여 왕정에서 공화정으로, 다시 공화정에서 황제제도로 변화한 현장을 보았다. 로마제국은 기원전에 공화정을 기반으로 로마시민이 단결하여 제국성립의 기초를 마련하였다. 로마는 기원전 3세기(218년)에 제2차 포에니 전쟁에서 카르타고의 한니발(Hannibal) 장군이 피레네와 알프스를 넘어 로마를 침공하여 로마군 8만 명 중 7만 명을 전사시키는 풍전등화의 상황에서도 공화정의 시민이 단결하여 결국은 카르타고를 물리치고 지중해의 패권을 잡은 역사적 배경을 갖고 있었다.

고대로마는 이러한 정치체제를 바탕으로 지중해의 패권을 차지하고 제국을 형성하면서도 시민생활의 편익을 위해 멀리 산에 있는 수원지에서 물을 끌어와 제공하는 수도교를 건설하였고, 시민이 여가생활을 즐길 수 있도록 원형경기장인 콜로세움을 지었으며, 제국을 연결하는 아피아 가도와 같은 도로를 8만여 킬로미터에 걸쳐 건설하였다.

로마제국을 형성한 공화정이 취약성을 나타내는 혼란 시기를 맞아 도입된 황제제도는 오현제의 통치 기간인 96년부터 180년까지

최고의 번영을 구가하였지만, 황제제도가 세월의 흐름에 따라 귀족과 평민의 의견을 대변하던 의회(원로원, 민회)를 무력화시키며 전제적으로 운영되어 쇠락의 길을 걸어야 하였다.

로마제국이 밀라노칙령으로 그동안 탄압하던 가톨릭을 인정하고, 나아가 국교로 삼아 당시의 정치체계와 연결한 것은 지금의 로만가톨릭이 성장하는 기반이 되었다. 가톨릭을 정신세계의 기초로 삼고 제국을 하나의 이념으로 연결하여 이룬 역사와 종교의 현장을 확인하며 천년의 봉건시대로 넘어가는 역사를 돌이켜 보았다.

이번 여행은 자동차로 하는 장기 여정이기에 로마제국과 로만가톨릭의 현장을 차분히 걸어서 체험할 수 있었다. 로마제국의 흥망성쇠도 찰나의 순간이라는 사실이 몸으로 다가왔다. 영원히 번영할 것으로 보였던 제국도 쇠락하여 자취가 없어진 곳에서 옛 유물을 발굴하는 현장을 바라보니 로마제국의 영광도 역사적으로는 한 사건에 불과하였다는 사실을 확인하였다.

로마 시내를 동서로 가르는 테베르강의 동쪽 공동묘지가 있던 자리에 세워진 성베드로 대성당과 성바오로대성당 등을 종교적 관점에서 순례하며 영성이 충만하여 짐을 느꼈다. 핍박으로 얼룩져 지하에 있던 기독교가 콘스탄티누스 황제의 칙령으로 인정되고, 로마제국의 종교로 자리 잡아 현대의 정신적 지주가 된 현장을 순례하였다. 인생의 진리와 낭만을 찾아 떠난 여정에서 로마제국과 가톨릭의 현장을 바라보며 수많은 것을 깨닫고 영감을 받고 있었다.

02

나폴리의 미항

여행 25일 차, 5월 19일, 일요일

로마에서의 5일을 뒤로하고 남쪽으로 230킬로미터를 달려 중세에는 나폴리왕국의 수도이자 아름다운 항구도시인 나폴리(Napoli)에 들어서니 비가 내리기 시작하였다.

나폴리는 치안이 불안하다는 말을 들어 잔뜩 긴장하였다. 나폴리의 시가지로 들어가는 초입의 신호등에서 정차하고 있는 사이에 차 앞 유리를 닦아주고는 봉사료를 요구하였다. 자동차의 유리를 부수기도 한다는 나폴리의 악명을 미리 들어 급히 1유로를 주고 어색한 미소를 지으며 황급히 주차빌딩으로 향하였다.

나폴리의 중심가에 있는 나폴리 대성당으로 가기 위해 비가 오는 가운데 유명 피자집이 모여 있는 트리부날리(Tribunali) 거리를 걸었다. 거리는 낡고 칙칙한 분위기에도 불구하고 수많은 관광객으로 붐비고 있었다. 나폴리 대성당에서 기도를 드리고 수호성인 산 젠나로(San Gennaro)의 피를 담았다는 유리병을 볼 수 있었다. 이 병에 담긴 피는 1년에 두 번(5월의 첫째 토요일, 9월 19일) 굳었던 피가 고체에서 액체로 변하는 기적이 일어난다고 하였다. 성당에는 토요일이어서 혼배미사가 있어 새로운 부부의 탄생을 축하하며 그들의 축복을 함께 기원하였다.

비가 계속 내리고 있어 준비한 도시락을 먹을 장소가 마땅치 않아 나폴리의 대표적 음식으로 세계적인 명성을 가진 마르게리타(Margherita) 피자로 점심을 대신하였다. 마르게리타 피자는 1889년 통일 이탈리아의 왕과 왕비가 나폴리를 방문하였을 때 대접하기 위해 처음 개발되었다는 배경을 가지고 있었다. 이탈리아의 국기를 상징하는 삼색의 토핑으로 붉은색의 토마토소스, 초록색의 바질, 하얀색의 모차렐라 치즈만으로 요리된 담백한 것이었다. 나폴리의 명물 피자는 우리의 입맛에도 맞아 비가 내리는 나폴리의 분위기를 즐기며 광장에서 휴식을 취하였다.

오후에는 나폴리의 궁전과 요새가 있는 플레비시토 광장(Piazza del Plebiscito)으로 갔다. 나폴리왕국의 왕궁이던 누오보성과 델보르성이 당시의 번영을 나타내고 있었다. 광장에서 해안 쪽으로 계속 걸어가니 나폴리만의 전경이 한눈에 들어왔다. 항구에는 크루즈선을 비롯한 수많은 선박이 정박하여 있었고, 휴양지로 유명한 카프리섬이 보이는 바다의 전경은 미항이라는 나폴리의 진수를 보여주고 있었다.

비가 거세게 오고 시가지의 분위기도 어두워 간단히 나폴리 시가지의 여행을 정리하고 숙소가 예약된 소렌토로 향하였다. 소렌토는 나폴리만에 위치한 도시로 아말피해안의 초입에 있어 해안절벽의 도로에서 바라보이는 지중해(티레니아)의 아름다움은 감탄이 절

플레비시토 광장

로 나오게 하였다. 해안의 도로에는 경치를 감상하려는 관광객들이 곳곳에서 정차하고 있었다. 소렌토 캠핑장(Fiori d'Arancio, 4박 294유로)의 숙소에 짐을 풀고는 소렌토 시내의 중심인 타소 광장(Piazza Tasso)을 돌아보았다. 소렌토의 명물인 레몬나무가 가로를 장식하고 있어 부부도 레몬주스로 여정의 피로를 풀었다.

03

폼페이의 로마제국

여행 26일 차, 5월 20일, 월요일

소렌토의 숙소인 캠핑장은 시내의 주택가가 있는 오렌지와 레몬 농장에 위치하여 지중해의 태양을 한껏 품은 과일의 향을 느낄 수 있었다. 숙소의 앞에 있는 마을의 산정에는 십자가상이 세워져 있어 아침을 맞는 여행자에게 마음의 평화를 주고 있었다.

오늘은 서기 79년에 베수비오(Vesuvio) 화산이 폭발하여 세상에서 사라졌던 도시인 폼페이(Pompeii)를 보기 위해 기차를 타기로 하였다. 폼페이는 로마에서 25킬로미터 남쪽에 있는 해안 도시로 1748년 하수도 공사를 하던 인부가 우연히 유적을 발견하여 세상에 알려지게 되었다. 로마제국시대의 고대도시가 화산재에 파묻혀 그대로 보존되어 당시의 생활상을 생생히 알려주고 있었다. 폼페이는 로마 인근의 휴양도시로 기원전 6세기에 건설되어 화산이 폭발할 당시에는 2만 명 정도의 주민이 살고 있었다.

폼페이에 도착하여 좁은 길을 올라가니 당시의 고대도시가 시간을 멈춘 듯 원형 그대로 눈앞에 나타났다. 화산재로 매몰되었던 폼페이의 도로는 인도와 마차의 길로 구분되어 있었고, 상하수도까지 잘 정비된 당시의 생활상을 알려주고 있었다. 거리에는 빵을 구워 팔던 시설을 비롯한 도시기반이 그대로 남아 있는 것으로 보아 상업이 발전하였으며, 원형경기장을 비롯한 소극장과 레저시설인 화려한 공중목욕탕 등이 문화 수준을 짐작하게 하였다. 시내의 포럼 광장에는 아폴로, 제우스 신전 등이 당시의 종교 생활을 나타내고 있었다.

로마시대에 건설된 휴양도시에서 제국의 모습을 다시 확인하며 2천 년 전에 살았던 인류의 모습에서 큰 감동을 받게 되었다. 화산 폭발로 죽어 가는 사람의 모습을 나타내는 석고상을 바라보며 죽음에 대하여 다시 생각하는 계기도 되었다. 서기 79년에 살았던 고대로마의 시민을 직접 만나니 삶과 죽음은 동전의 앞뒤와 같은 것이라는 생각이 들었다. 인생에서 삶이 전부라고 인식하며 살아가지만, 삶은 찰나의 순간에 불과하고 죽음이라는 시간이 이렇게 계속되고 있는 것이었다. 가톨릭의 내세에 대한 믿음은 진리이기에 오늘에 깨어 있어야 한다는 성경의 말씀을 다시 되새기게 되었다. 유럽에서의 여행은 삶과 죽음이라는 화두에 커다란 영감을 주고 있었다.

폼페이의 유적

폼페이의 화려한 건물 벽화

폼페이 주민의 석고상

　　　　칠순에 떠난 86일의 유럽 자동차여행

04

카프리의 지중해

여행 27일 차, 5월 21일, 화요일

로마에서의 여정을 정리하며 고대로마의 초대황제 아우구스투스가 살며 통치(기원전 27년~서기 14년)하였다는 나폴리만의 진주라는 카프리섬(Isola di Capri)에서 지중해의 태양을 느껴 보기로 하였다.

카프리섬으로 가는 페리를 타기 위해 여행사가 제공하는 버스를 타고 소렌토의 선착장으로 갔다. 카프리섬은 소렌토에서 배로 30분 정도를 가야 하였다. 지중해의 푸른 바다와 맑은 하늘이 갈매기와 함께 여행자의 아침을 상쾌하게 하여 주었다. 카프리섬의 선착장은 나폴리와 소렌토를 오가는 페리로 붐비고 있었다.

카프리섬에서 투어를 신청하여 섬의 동쪽 마을인 아나카프리(Anacapri)로 향하였다. 아나카프리로 가는 길은 바위를 깎아 도로를 만들어 아찔할 정도로 험하였다. 아나카프리는 작은 섬마을로 골목길이 아기자기하게 가꾸어져 있었다. 골목길을 산책하고는 케이블카를 타고 마을의 산에 올랐다. 산정에서 바라보는 나폴리만과 지중해의 풍광은 실로 낭만적이었다.

소렌토로 돌아가는 여객선의 출발시간에 맞추어 서쪽의 카프리 마을로 들어서니 오고 가는 관광객으로 매우 혼잡하였다. 섬마을의 성당에서 하루를 마감하는 기도를 드렸다. 수많은 여행객으로 붐비는 항구와 달리 성당은 조용하고 시원하여 더위를 피하고 휴식을 취하기에 최적이었다. 카프리섬에서 소렌토로 돌아가는 페리에서 카프리섬을 바라보니 '지중해의 진주'라고 불리는 이유를 알 수 있을 것 같았다. 페리에서 날고 있는 갈매기에게 먹이를 날리며 옛 로마의 황제가 사랑하였던 카프리의 역사를 되새겼다.

　　　　　　　　칠순에 떠난 86일의 유럽 자동차여행

소렌토 선착장

카프리 섬의 해안

05

아말피해안의 절경

여행 28일 차, 5월 22일, 수요일

소렌토에서 이탈리아 남서부의 해안 50킬로미터에 걸쳐 이어지는 포지타노, 아말피, 라벨로를 보기 위해 기차를 타고 포지타노(Positano)로 가서 버스를 이용하기로 하였다.

아침 일찍이 소렌토의 기차역에서 포지타노로 가니 알록달록한 파스텔톤의 건물과 아름다운 해변이 반기고 있었다. 세계적으로 유명한 아말피해안(Costiera Amalfitana)의 대표적인 마을답게 관광객으로 한창 붐비고 있었다.

포지타노에서 버스를 이용하여 라벨로(Ravello)까지 1시간 50분이 소요되는 해안 절벽의 길은 좁은 왕복 2차선의 도로여서 아찔한 곡예 운전이 펼쳐지고 있었다. 버스를 타고 있는 여행객은 아슬아슬한 운전에 탄성을 질렀다. 도로가 워낙 좁고 험하여 운전기사도 쩔쩔매고 있었다. 자동차로 가는 것을 포기하고 버스로 오기를 잘하였다는 생각이 들었다. 버스의 오른쪽에 자리를 잡아 지중해의 태양과 바다를 제대로 볼 수 있었다. 이번 여행에서 가장 멋진 장면이 연출되고 있는 것이었었다. 아말피가 '죽기 전에 꼭 가보아야 할 최고의 관광지'로 선정된 이유를 충분히 느끼게 하였다.

아말피해안의 마을 중 대표적인 장소인 아말피(Amalfi)는 9~13세기에 번성하였던 자치 공국으로 제노바, 피사, 베네치아와 함께 지중해의 해상권을 두고 경쟁하던 도시였다. 아말피 공국은 해상무역으로 번성하다 인근의 피사에 의해 정복당하여 쇠락의 길을 걸은 역사를 지니고 있었다. 아말피에 도착하여 시내를 걸어 공국의 옛 번영을 상징하는 아말피 대성당(Amalfi Cathedral)이 있는 언덕으로 올라갔다. 대성당에 들러 아침기도를 드리고 성당에 모셔진 예수님의 12사도 중 하나인 안드레아 성인을 찾아 경배드렸다. 성인의 유해는 콘스탄티노플의 동방정교 그리스도교회가 모셨던 것을 제4차 십자군 원정에서 유럽의 카톨릭이 콘스탄티노플을 약탈하는 과정에서 아말피의 추기경이 지금의 성당으로 모셨다고 한다. 이러한 역사적인 배경을 알게 되며 종교인들이 저지른 다양한 욕망의 산물을 다시 생각하였다.

아말피에서 버스를 타고 라벨로(Ravello)까지 가려고 하였으나, 관광객이 너무 많아 버스를 탈 수 없어 포기하였다. 아말피에는 주차할 공간조차 없을 정도로 포화상태여서 자동차로 진입한 일부 관광객은 되돌아가고 있었다. 아말피가 세상에 널리 알려지며 관광지는 관광객으로 넘치고 있는 것이었다. 아말피에서 버스를 기다리다 안내원에게 상황을 수차례 영어로 물으니 "맘마미아(Mamma Mia)"라고 말하여 웃음을 자아내게 하였다. 맘마미아는 이탈리아어로 난처한 상황이나 놀람을 표현하는 단어로 영어의 "Oh My God"

에 해당하였다.

아말피에서 다시 소렌토로 향하는 버스를 타고 바라보는 지중해(티레니아)는 이미 석양의 햇빛을 받아 아침과는 다른 매력을 보여주었다. 해안절벽을 따라 만들어진 도로에서 바라보는 바다는 아말피를 다시 찾아 머물러 보고 싶다는 생각이 들게 하고 있었다.

아말피의 해변과 마을

아말피 해안의 절벽도로

4장

아드리아해의
해안과 바다

여행 29~36일 차, 5.23~5.30

01

동화의 마을 알베로벨로

여행 29일 차, 5월 23일, 목요일

이탈리아 남서부의 로마와 나폴리를 뒤로하고 남동부 폴리아(Puglia)주의 주도이자 서남아시아와의 해상무역의 요충지인 바리(Bari)로 향하였다. 바리로 가면서 농사를 지으며 석회암의 조각을 쌓아 트룰리(Trulli)라는 집을 지어 살아가던 알베로벨로(Alberobello)라는 농촌마을에 들러 옛 이탈리아에서 특이하게 존재하였던 주거의 현장을 돌아보기로 하였다.

소렌토의 숙소를 출발하여 이탈리아반도를 동부와 서부로 가르고 있는 아펜니노산맥을 넘어 300킬로미터 떨어진 동남부의 경제와 정치의 요충지 바리로 가는 길에는 올리브와 포도밭이 끝없이 펼쳐지고 있었다. 지중해의 풍부한 일조량과 따뜻한 날씨로 품질좋은 포도와 올리브가 풍부하게 생산되고 있었다. 넓은 평야에 기후가 따뜻하여 농업과 목축업이 발전하여 온 것이었다. 이탈리아는 지역적 특성을 살려 포도를 원료로 하는 와인산업이 발달하여

칠순에 떠난 86일의 유럽 자동차여행

프랑스와 함께 최고급 와인을 생산하고 있었다. 올리브도 일조량이 많은 지리적 조건으로 생산량이 많아 지중해식 식단에서 필수적으로 사용되고 있었다. 식료품점에는 다양한 포도주와 올리브가 지역에서 목축으로 생산된 햄과 치즈와 어울려 풍성한 식재료를 제공하고 있었다. 천혜의 평야와 지중해의 날씨가 대대로 풍요를 누리게 하고 있는 것이었다.

바리로 가는 도중에 석회암을 겹겹이 쌓아 지은 트룰리라는 가옥이 밀집된 알베로벨로라는 마을에 도착하였다. 트룰리는 이곳의 농민과 목동이 14세기부터 살아오던 원뿔형의 집이었다. 하얀색의 원뿔형 집은 석회암으로 두껍게 벽을 올려 기초를 단단히 하고, 뾰족하게 지붕을 쌓아 올려 냉난방에 유리한 구조였다.

알베로벨로에서 주민생활의 중심역할을 하던 성당에 들러 여정에 대한 감사의 기도를 드렸다. 성당을 나와 고깔 모양으로 지붕을 올린 트룰리 가옥이 밀집된 마을의 길을 걸었다. 유네스코문화유산으로 등록된 마을답게 각국에서 온 관광객으로 거리는 붐비고 있었다. 가옥의 내부는 한 가족이 살기에는 좁았으나 원형으로 오밀조밀하게 배치한 구조가 아주 정겨웠다. 한국전쟁이 끝나고 농촌에서 황토와 볏짚으로 지은 초가집에서 어렵게 살았던 어린 시절이 떠오르는 순간이기도 하였다.

알베로벨로를 나와 바리에 있는 캠핑장(Villaggio Camping, 2박 131유로)의 숙소에서 저녁을 마치고 산책하다, 캠핑장의 입구에서 유럽을 텐트로 여행하고 있는 한국인 60대 후반의 부부를 만났다. 교직에서 은퇴하고 춘천에서 전원생활을 하면서 유럽여행을 로망으로 실천하고 있는 부부였다. 부부는 4월 초 파리에 도착하여 포르투갈

과 스페인을 지나 남부 프랑스를 거쳐 이탈리아를 여행하고 있었
다. 오랜만에 한국인 부부와 즐거운 여행담과 은퇴 생활의 애환으
로 저녁 늦게까지 이야기의 꽃을 피웠다.

알베로벨로의 트룰리 전통가옥

트룰리의 원뿔형 지붕

　칠순에 떠난 86일의 유럽 자동차여행

02

수도자의 성지 마테라

여행 30일 차, 5월 24일, 금요일

바리의 캠핑장은 숲으로 둘러싸여 있어 새소리를 들으며 아침을 시작하였다. 어제 만난 부부와 서로 건강하고 보람찬 여행을 기원하며 인사를 나누고는 가톨릭의 수도자가 은둔하며 기도하던 마테라(Matera)라는 마을로 향하였다.

마테라는 4~5세기에 수도자들이 구도를 위해 현실을 뒤로하고 아펜니노산맥의 깊은 계곡에 바위를 파서 생활하던 '사시(Sassi)'라고 불리는 동굴 주거지였다. 초기 기독교의 수도자들이 이집트사막에서 동굴을 파고 홀로 수행하던 것을 본받아 성령을 일깨우던 장소였다. 세월이 흘러 수도자들보다는 농민과 빈민들이 들어와 살다 폐허가 되어 재개발로 없애려고 하다가, 다시 재생시키자는 여론에 따라 관광지로 탈바꿈하고 있었다. 바위산에 좁고 가파른 미로와 같은 마을 길에는 마을을 재건시키려는 사람들이 다양한 사업을 벌이고 있었다. 마테라를 한눈에 내려다볼 수 있는 언덕에 지어진 대성당에서 '007 노타임 투 다이'라는 영화에서 보았던 독특하고 아름다운 마테라의 전경을 조망하였다. 마을의 동굴교회에는 성화가 프레스코화로 여기저기 그려져 있고, 작은 기도실이 내부에 만들어져 당시에 치열하게 수도하던 장면을 연상하게 하였다.

마테라를 나와 서남아시아와의 무역 중심지인 항구도시 바리(Bari)의 시내로 향하였다. 바리에는 성 니콜라스의 유해가 안치된 산니콜라 대성당(Basilica di San Nicola)이 있었다. '산타클로스'로 알려진 성인은 가난한 자의 수호신으로 성탄절에 선물을 나누어 주는 상징적인 성인이었다. 유럽의 십자군 원정에서 이슬람이 아닌 같은 기독교도의 콘스탄티노플을 약탈하며 성인의 유해를 이곳에 안치하고 성당을 지었다고 하였다. 아말피에서 사도 안드레아의 유해가 옮겨진 일화와 함께 종교의 관점에서 깊은 생각을 하게 하는 사건이 여기에도 있었다.

가톨릭이라는 종교에 대하여 숙고를 하며 대성당의 내부를 살피다, 짝과 잠시 떨어져 서로 찾는 과정에서 성당의 앞에 있던 이탈리아의 관광객이 짝에게 너의 "마니또"가 저기에 있다고 친절히 알려주어 잠깐의 즐거운 해프닝을 겪었다. 마니또(Manito)라는 단어는 이탈리아어가 아닌 스페인어로 '비밀 친구'를 의미로 사용되고 있는 말이어서 관광객들과 함께 폭소를 나누었다.

마테라의 동굴마을

수도자가 동굴 벽에 그린 성화

유럽을 자동차로 여행하는 일정을 준비하면서 건강과 안전문제로 많은 걱정을 하였다. 유럽은 다양한 국가를 여행하게 되므로 의사소통이 복잡하였다. 전통적으로 난민과 집시가 존재하고 있어 치안에 문제가 많다는 지적도 있었다. 나이가 이미 칠십을 넘어 장기여행에서 갑작스럽게 발생하는 건강의 문제도 동시에 우려되는 상황이었다. 여행을 준비하며 이러한 문제에 철저히 대비하기는 하였지만 걱정은 여전하였다.

인생의 종장에서 현역을 은퇴하고 아들과 딸을 독립시키면서 선택한 수도의 여행길에 어느 정도의 위험은 감수하기로 하였다. 오늘이 가장 젊은 날이므로 지금 미루면 인생에서 다시는 기회조차 오지 않을 것으로 판단하였다. 혹시 도전하다 실패하더라도 실행한 만큼 수도의 길을 가는 것이므로 포기하는 것보다 낫다고 생각하였다.

여행일정의 하루하루는 시행착오의 연속이었다. 이국에서 여행하며 맞는 시행착오는 생각보다 어려운 과정이었다. 어려웠지만 좌충우돌 해결하며 30일을 보내는 상황에서 돌아보니, 건강과 안전의 문제는 여행을 두려워하던 핑계에 불과하였다는 사실을 확인하였다. 안전과 건강의 문제는 이제 국내나 국외 어디에 있어도 항상 발생하는 것이므로 장소의 문제가 아니었다. 하지만, 여행에서 안전과 건강은 아무리 걱정하여도 지나치지 않는 사항이므로 남은 일정 56일도 더욱 겸허하게 여행의 길을 걷기로 하였다.

03

휴양도시 앙코나

이탈리아 남동부의 거점도시인 바리를 뒤로하고 베네치아로 가기 위해 중동부의 경유지로 선택한 휴양도시이자 중부 마르케(Marche)주의 주도인 앙코나(Ancona)로 향하였다.

바리를 떠나 북쪽으로 해안도로를 따라 이탈리아 동부의 평원 지역 470킬로미터를 달렸다. 평원에는 포도와 밀 그리고 올리브 농장이 계속되고 있었다. 아드리아해의 푸른 바다와 맑은 공기가 마음을 평화롭게 하여 주고 있었다. 좋은 자연과 문화유산을 가진 이들의 환경이 너무도 부럽게 다가왔다.

한반도가 외세의 이념에 남북으로 갈려 섬나라보다 못한 지리적 상황에서 급속한 산업화로 물과 공기와 같은 자연생태까지 오염되고 있는 환경이 안타깝게 느껴졌다. 더욱 걱정되는 것은 그동안 유지하여 오던 유교적 전통가치가 짧은 기간에 일본의 신도를 거쳐 미국식 서구 사상으로 변화되는 과정에서, 물질 중심의 사고가 제대로 된 여과의 과정도 없이 발생한 인간성의 상실, 빈부의 격차, 가치관의 혼란 등과 같은 사회적 가치체계의 부작용이었다. 특히, 경제와 사회체제의 빠른 변천으로 세대나 이념 간 인식의 차이가 사회갈등으로 이어져 발생하고 있는 혼돈의 상황이 눈에 아른거렸다.

유럽을 여행하며 로마제국시대부터 현재까지 문명의 변화 속에서 많은 시행착오를 겪었지만 기독교의 가치체계를 유지하면서 비교적 안정되게 사회가 발전하여 온 현장을 목격하게 되었다. 지난해에 미주대륙의 서부를 여행하며 미국과 캐나다의 도시가 1985년의 유학 시절과 1997년의 근무 시절과는 달리 짧은 기간에 황폐화되고 있는 상황을 목격한 여행자는 인류문명과 환경의 변화에 따른 새로운 가치체계의 정립이 시급하다는 생각이 들었다.

앙코나 근교의 농촌마을에서 숙박(Hotel Restorante, 1박 80유로)하면서 멀리 펼쳐지는 푸른 초원과 바다와 같은 자연과 함께 안정된 가치토대를 마련하는 과제가 70~80대의 세대에서 풀어야 할 숙제로 절실하게 다가오고 있었다. 유럽을 여행하면서 인류가 이루어 온 지난 4~5천 년의 가치가 제2차세계대전 후 80년이라는 짧은 기간에 제 3, 4차산업의 급속한 발전으로 인간이 자아에 매몰되어 가고 있고, 인간을 대체하는 로봇까지 등장하는 현재 상황에서 인류가 겪고 있는 혼돈의 상황을 떠올렸다. 예수가 너의 안에 성령이 있고, 부처도 자신 안에 불성이 있다고 하였으며, 소크라테스도 너 자신을 알라고 설파한 의미를 되새기는 밤이었다.

앙코나의 전형적 농촌마을

<h1 style="text-align:center">04</h1>

산중의 독립국가 산마리노

여행 32일 차, 5월 26일, 일요일

앙코나에서 로마제국의 마지막 수도이던 라벤나로 가는 도중에 하루를 할애하여 가톨릭 박해를 피해 신앙공동체를 형성하며 살았던 산중의 독립국가 산마리노(Repubbica di San Marino)를 보기로 하였다.

앙코나에서 이탈리아 동부의 아드리아해를 따라가는 130킬로미터의 고속도로로 가는 길에는 올리브, 포도, 밀 등이 5월의 태양을 받아 한창 자태를 뽐내고 있었다. 동부의 평야 지대는 지중해를 끼고 있어 푸른 바다가 높은 하늘과 어우러져 멋진 광경을 연출하고 있었다. 자연과 떨어져 시멘트에 묻혀 먼지속에 살고 있던 가슴을 탁 트이게 하였다.

라벤나로 가는 고속도로를 벗어나 티타노(Monte Titano)라는 산중의 산마리노 공국으로 가는 길은 산악지대여서 좁은 도로를 따라 올라가야 하였다. 산마리노 공국은 로마제국의 가톨릭 박해를 피

　　　　　　　　칠순에 떠난 86일의 유럽 자동차여행

해 산중으로 도망쳐 온 석공 성 마리누스(Saint Marinus)에 의해 301
년에 세워진 가톨릭 공동체의 도시국가였다. 바티칸, 모나코에 이
어 유럽에서 세번째로 작은 나라로 1263년에 공화정을 수립한 후
인구 3만 명의 국가로 유지되어 오고 있었다. 유럽에서 기독교가
인정된 313년 이전에 세워진 가톨릭의 종교적 공동체이기에 더욱
큰 의미가 있었다.

산마리노 공국의 중심지에 있는 푸불리노 궁전의 광장에서 잠깐
의 휴식을 취하고, 공국을 방어하기 위해 지어진 요새로 올라갔다.
산마리노 공국의 동편에 자리한 콰이트(Kwait), 체스터(Chester), 몬테
네로(Montenero)로 이어진 3개의 요새를 하나하나 살펴보았다. 이들
요새는 절벽의 위에 자리해 견고함과 전망이 특징적이었다. 아래
로는 작은 마을이 옹기종기 초원 사이로 보이고, 멀리는 아펜니노
산맥의 고봉과 아드리아해의 파도가 넘실대고 있는 장관이 펼쳐지
고 있었다. 요새를 내려와 공국의 중심에 있는 산마르코 대성당에
가서 기도하고 묵상하며 당시 주민들의 신앙심을 되새겼다.

산마리노 공국의 마을

산마리노 공국의 요새

05

라벤나의 모자이크화

여행 33일 차, 5월 27일, 월요일

산 마리노로 진입하는 도로의 입구에 위치한 숙소(La Pimeta del Borgo, 1박 78유로)의 앞에는 붉은 양귀비(개양귀비)가 피어 아침의 여행자를 유혹하고 있었다. 유럽을 여행하며 지방에 따라 변하는 풍경은 매일 매일을 새로운 세계로 인도하고 있었다. 숙소에서 식당을 겸하며 제공하는 이탈리아식의 소박한 아침식사를 마치고 서로마제국의 수도였던 라벤나(Ravenna)로 향하였다.

라벤나는 서로마제국의 마지막 수도로 황제 호노리우스(Honorius)에 의해 402년에 밀라노에서 게르만족 등의 외침에 대한 방어가 용이한 이곳으로 이전하게 되었다. 라벤나의 중심가인 파리니 거리를 지나 포폴로 광장을 걸어 초기 가톨릭의 흔적이 그대로 남아 있는 6세기 비잔틴양식의 건축으로 유명한 산비탈레 대성당(Basilica di San Vitale)으로 갔다. 대성당에서는 섬세하고 정교하게 장식된 모자이크화가 특징적으로 다가왔다. 모자이크화는 유리와 유리 사이에

금을 끼워 넣는 방법으로 제작되는 매우 어려운 과정을 거친다고 하였다. 성당의 천장과 벽에 그려진 예수 그리스도와 사도, 유스티아누스 황제와 신하, 테오도라 황후와 시녀들과 같은 모자이크화는 빛을 받아 신비로운 분위기를 자아내어 감탄이 절로 나오게 하였다. 모자이크화는 제작된 지 1600년의 세월이 흘렀음에도 거의 원형대로 보존되고 있어 더욱 대단하다는 생각이 들었다.

성당을 지나 라벤나의 예술을 발전시켰다는 황제 발렌티니아누스 3세의 어린 시절에 섭정을 하였던 어머니인 '갈라 플라치디아'의 영묘를 살펴보았다. 영묘에는 셀 수 없을 정도로 많은 별을 수놓은 화려한 천장화와 벽화가 기다리고 있었다. 밤하늘에 금빛 별들로 빛나는 모자이크화는 당시의 예술 수준을 짐작하게 하며 여행자를 감동시키고 있었다.

영묘를 나와 피렌체에서 1302년 정치적인 이유로 추방당한 르네상스기의 거장 단테(Dante Alighieri)가 라벤나에서 19년간 은둔생활을 하다 영면한 묘로 갔다. 그가 중세 서양문학의 걸작인 「신곡」이라는 서사시를 집필하던 광경을 상상하며 그가 작품에서 여행하던 천국과 연옥 그리고 지옥의 의미를 생각하였다. 단테의 신곡은 당시에 이탈리아의 도시국가에서 일반화된 라틴어가 아니라 피렌체 지방에서 사용하던 방언으로 작성되어 이후에 피렌체 지방의 언어가 통일된 이탈리아어의 토대가 된 사실을 떠올리게 하였다.

  칠순에 떠난 86일의 유럽 자동차여행

산마리노의 양귀비 밭

라벤나 대성당의 모자이크화

여행경험 10 : 유럽의 식당

유럽에서 식당은 크게 고객이 스스로 서비스하는 카페테리아(Cafeteria)와 종업원의 서비스를 받는 레스토랑(Restaurant)으로 구분되어 있었다. 카페테리아는 고객이 음식을 안내데스크에서 주문하고 가져다 먹는 형태이고, 레스토랑은 식당의 입구에서 종업원의 안내를 받아 자리에 앉아 주문하고 서비스를 받는 형태였다.

카페테리아는 식당의 앞에서 주문하고 음식을 받아 외부에서 섭취하므로 비용이 저렴하였다. 일반적으로 간단하고 편리하게 식사가 가능하였다. 레스토랑은 식당에서 기다려 종업원의 안내에 따라 착석하고 주문하여 음식을 서비스받게 되므로 같은 음식이라도 상당한 비용의 차이가 있었다. 카페테리아보다는 격식을 갖춘 좋은 분위기에서 식사할 수 있는 특징이 있었다.

레스토랑에서 피자를 주문하여 식사하게 되면 통상 피자가 10유로 내외, 물이나 콜라 5유로, 봉사료 5유로로 합계 20유로 내외를 지불하였다. 카페테리아를 이용하면 물이나 콜라는 식료품점에서 1~2유로에 구입하고, 서비스비용은 없으므로 절반의 가격에 같은 음식을 섭취할 수 있었다. 고객은 자신의 취향과 선택에 따라 식당의 서비스를 결정하고 비용을 지불하는 방식이었다.

06

베네치아의 번영

여행 34일 차, 5월 28일, 화요일

베네치아에서 맞는 아침은 숙소가 도심 외곽의 캠핑장(Hu Venegia Camping, 4박 215유로)이어서 자연 속에서 식사를 준비할 수 있었다. 캠핑장에는 캠핑카, 텐트, 방갈로에 다양한 국적의 알뜰 여행객으로 붐비고 있었다. 하늘은 맑았고 기온도 최고 25도 정도어서 여행하며 걷기에 적당하였다. 베네치아에는 자동차의 진입이 허용되지 않으므로 숙소에서 제공하는 셔틀버스를 타고 섬의 입구에 도착하여 오늘의 여정을 시작하였다.

베네치아는 로마가 멸망하던 5세기에 게르만과 훈족의 침입을 피해 로마의 귀족들이 바다의 섬에 거주지를 만들어 살던 도시였다. 육지와 바다가 만나는 습지에 있던 118개의 섬을 연결하여 인공으로 만든 도시에는 농토가 없어 아시아와 유럽과의 무역으로 성장하였다. 십자군 전쟁이 발생하였던 12~13세기에는 지중해의 패권을 가지고 있던 동로마의 콘스탄티노플을 점령하면서 막강한 경제력을 키워 명실상부한 지중해의 강국으로 등장하였다.

베네치아에는 자동차의 진입이 제한되기에 입구에서 수상버스를 타거나 걸어서 들어가야 하였다. 셔틀버스에서 내려 시내로 연결되는 다리를 건너니 베네치아의 주요 운송수단인 수상버스와 곤돌라가 분주히 오가고 있었다. 섬의 입구를 지나 인파로 혼잡한 좁은 거리를 지나 "황금의 집"이라 불리는 카도르(Ca'd'Oro) 궁전으로 갔다. 궁전은 베네치아의 섬을 이어주는 대운하를 바라보는 경관과 외관이 황금으로 칠해진 고딕건축으로 유명하였다. 궁전의 앞에서 수상버스의 운행 일정을 확인하고는 베네치아의 상징인 산마르코 광장으로 갔다.

산마르코 광장으로 가는 길에 대운하를 건너는 베네치아에서 중심다리인 리알토 다리를 건너게 되었다. 리알토 다리(Ponte di Rialto)에는 너무 많은 관광객이 몰려 안전을 고려하여 경찰이 입장을 통제하고 있었다. 잠깐을 기다려 산마르코 광장으로 들어서니 영상으로 보았던 산마르코 대성당, 두칼로 궁전, 탄식의 다리와 같은 베네치아의 명소가 밀집하여 있었다.

산마르코 대성당(Basilica di San Marco)은 8세기에 가톨릭 4대 복음서의 하나인 마르코 복음을 집필한 마르코 사도의 유해를 베네치아의 상인이 이집트의 알렉산드리아에서 위장하여 모셔와 지은 성당이었다. 마르코 성인은 베네치아의 수호성인으로 날개를 단 사자상이 성인을 상징하고 있었다. 대성당의 외부는 웅장하여 한참을 올려 보아야 하였다. 내부는 모자이크 성화로 예수님의 부활과 마르코 성인의 모습을 묘사하고 있었다. 성당의 바닥까지 금과 은으로 제작하여 당시 베네치아가 지녔던 경제력을 짐작할 수 있었다.

　　　　　　　　　칠순에 떠난 86일의 유럽 자동차여행

성당을 나와 천 년 이상 베네치아의 정치 중심이었던 두칼레 궁전(Palazzo Ducale)으로 들어가는 황금 계단을 올라 회랑으로 갔다. 베네치아를 다스리던 총독이 집무를 보던 장소로 상상을 초월할 정도로 장식이 화려하였다. 나폴레옹은 1797년 28세의 나이에 베네치아 공국을 정복하고 이곳에서 집무를 보면서 마르코 광장의 아름다움에 "유럽의 응접실"이라고 감탄하였다는 일화가 있었다. 궁전의 옆에는 궁전에서 죄수들이 형을 선고받고 감옥으로 향하며 탄식하였다는 탄식의 다리(Ponte dei Sospiri)가 광장과 대비되고 있었다.

베네치아 광장은 해수면이 불어나면 침수하고 있어 이에 대비하고 있었다. 지구의 온난화로 수면이 불어나 서서히 사라질 운명이라는 것이었다. 이탈리아 정부는 모세(MOSE, Modulo Sperimentale Elettromeccanico) 프로젝트를 준비하여 수면의 상승에 대비하는 노력을 하고 있었다. 베네치아 바다의 밑에 벽을 설치하여 밀물이나 바다의 수면이 높아지는 시기에 작동시켜 조절하는 대규모 해수차단 시스템이었다. 여행자는 역사의 현장이 잘 보존되기를 바라는 마음으로 광장을 걸었다.

오늘은 지중해의 해상무역을 기반으로 중세에 엄청난 부를 축적하며 번성하던 베네치아를 돌아보았다. 각지에서 약탈한 보물과 유물들이 마음을 편치 않게 하는 여운을 남기기도 하였지만, 인간이 이렇게 아름다운 도시를 해상에 다시 만들 수 있을까 하는 생각이 들기도 하였다.

베네치아의 수상교통

리알토 다리의 관광객

칠순에 떠난 86일의 유럽 자동차여행

베네치아 광장의 전경

황금으로 장식된 대성당의 천정화 ▶

07

베네치아의 외곽섬

여행 35일 차, 5월 29일, 수요일

어제 베네치아의 시내를 걸었기에 오늘은 베네치아 본섬의 외곽에 있는 섬을 돌아보기로 하였다. 캠핑장에서 운영하는 서틀버스를 타고 베네치아의 터미널에서 수상버스인 "바포레토(Vaporetto)"를 타기로 하였다. 하루를 사용할 수 있는 티켓을 구입하여 베니스영화제가 개최되는 리도(Lido)섬으로 가는 배에 올랐다.

베네치아의 본섬은 관광객으로 매우 혼잡하였으나, 리도섬은 한산하여 짝과 걷기에 좋았다. 리도섬은 해변이 아름답기로 유명하였고, 세계 3대 영화제의 하나인 베니스영화제가 개최되는 곳이었다. 리도섬의 해변에는 호텔과 방갈로가 줄지어 들어서 있었다. 아직은 5월이어서 해수욕을 하기는 일러 일부 성급한 관광객이 있을 뿐이었다. 보슬비가 오는 가운데 호젓하게 해변을 걷는 부부의 발길이 더없이 가벼웠다.

리도섬을 걷고는 유리공예로 명성이 있는 무라노(Murano)섬으로

바다에서 바라본 베네치아의 본섬

수상버스를 타고 갔다. 골목마다 유리공예품의 제작 과정을 직접 보여 주며 작품을 팔고 있었다. 베네치아는 유리공예의 독특한 기술을 유출하지 않기 위해 이 섬에 기술자를 살게 하고 작업에만 몰두하도록 한 배경을 가지고 있었다.

무라노섬을 나와 다시 40분 정도 배를 타고 마을의 건물이 아름답다고 알려진 부라노(Burona)섬으로 갔다. 부라노섬의 거리에 있는 건물은 노랑, 빨강, 파랑 등의 형형색색으로 채색되어 있었다. 이러한 풍습은 이지역의 고깃배들이 서로의 위치를 파악하기 위해 알록달록하게 배에 색을 칠하던 전통에서 유래되었다고 하였다. 신혼여행 온 부부들이 인생 사진을 남기는 곳으로 유명하였다.

부라노섬에서 수상버스를 타고 다시 돌아오는 선상에서 베네치아의 본섬과 부속섬을 전체적으로 바라보니 해상의 도시가 현실감이 들지 않을 정도로 환상적이었다. 이런 도시가 우리나라의 고려시대에 해당하는 시기에 완성되고 현재까지 보존되어 수많은 관광객으로 붐비며, 이제는 성수기에 입장료를 내야만 볼 수 있을 정도로 후손들의 경제를 풍부하게 하고 있는 사실이 부럽기만 하였다.

베니스영화제의 리도섬 해변

부라노섬의 채색된 건물

칠순에 떠난 86일의 유럽 자동차여행

08

비첸차의 건축

여행 36일 차, 5월 30일, 목요일

여행으로 지친 몸을 충전하기 위해 느지막이 일어나 밀렸던 세탁물을 정리하고, 캠핑장의 카페에서 커피 한잔으로 아침의 여유로운 시간을 가졌다. 고대의 로마, 중세와 르네상스, 현대의 알프스에서 다양한 문화와 사람을 경험하는 여행의 테마를 확인하였다.

오후에는 베네치아의 배후에 있는 "건축의 도시"로 알려진 비첸차(Vicenza)로 향하였다. 비첸차는 알프스의 길목에 있어 기원전 1세기경부터 도시가 형성되어 1404년에는 베네치아 공국으로 귀속하며 발전하였다. 후기 르네상스의 건축과 미술의 중심지로 건축학도의 성지가 되고 있는 도시였다. 르네상스시기에 베네치아의 건축가 안드레아 팔라디오(Andrea Palladio)가 설계한 16세기의 건축물 팔라디오 빌라(Villa Thiene)는 자연광을 활용하는 아름다운 설계로 "빛의 건축"이라고 불리며 유네스코 세계문화유산으로 지정되어 있었다.

　비첸차의 중심인 시뇨리 광장에서 비첸차의 상징이라는 바실리카 팔라디아나(Basilica Palladiana)라는 건물을 살펴보았다. 팔라디오가 설계한 것으로 로마시대의 건축양식을 따라 비례와 균형을 추구한 것이 특징이었다. 광장에서 팔라디오 거리를 걸어 세계 최초의 근대식 실내극장이라는 올림피코(Olimpico)극장으로 갔다. 팔라디오의 마지막 작품으로 1580년에 건축을 시작하여 5년에 걸쳐 완공하였다. 건물은 창문의 위치와 크기를 절묘하게 설계하여 자연광이 건물 내부로 풍부하게 들어오도록 하였다. 건축의 모델이 되고 있는 건축물로 이곳에서 1585년에『오이디푸스 왕』이 최초로 공연되었다고 하였다. 역사의 풍미를 느끼며 거리를 걷는 시간은 빠르게 지나고 있었다.

팔라디오의 건축물

여행경험 11: 생소한 문화

유럽에서는 전통적으로 안전을 위해 현관, 출입구, 방에 이중삼중의 잠
금장치를 하고 있었다. 건물도 안전을 고려하여 산 위나 언덕에 건축하
여 마을을 형성하고 있었다. 중앙집권의 강력한 국가체제가 아닌 도시국
가나 영주제도를 유지하면서 수많은 다툼과 전쟁이 발생하게 되어 생존
의 방편으로 이러한 문화가 형성된 것으로 보였다. 동양의 나그네는 이
렇게 유럽의 안전을 우선하는 문화가 지나치다는 생각이 들기도 하였지
만, 이들의 환경에서 자연적으로 발생한 전통이기에 그대로 받아들이려
하였다.

유럽에서는 서로의 프라이버시(사생활)를 매우 존중하고 있었다. 통상적
인 인사도 반가움의 표시보다는 상대에게 적의가 없다는 표시가 되고 있
었다. 누구나 어느 곳에서나 만나면 가볍게 인사하는 것도 수많은 분쟁에
서 생존하기 위해 자연적으로 발생한 문화로 보였다. 유럽의 가옥구조는
흙보다 돌로 된 오래된 집이 많았다. 이들의 가옥은 수백 년 유지되어 온
관계로 출입문이나 승강기를 현대식으로 변화시키지 못하여 불편을 주고
있었다. 고대의 가옥에 근대의 문명이 그대로 접목되고 현대의 인터넷 환
경에서 생활하게 되면서 발생한 결과로 보였다.

이들은 이미 기원 전후에 제국을 건설하여 상하수도와 고속도로를 건설
한 문명을 이루었다. 정치도 고대의 왕정에서 공화정으로, 공화정에서 황
제제도로, 황제와 군주제에서 시민의 혁명 과정을 거쳐 다시 공화정으로
변화한 역사적 배경을 가지고 있었기에 이들의 사회와 생활체계도 이를
그대로 반영하고 있었다. 인류문명의 근간을 이루는 고대 그리스와 로마
의 철학과 종교는 정신세계의 중추를 이루며 현대서구문명의 토대를 형

성하였다. 이들은 아직도 세계를 이끄는 G7 국가임을 생각하면서 유럽의

사회를 체험하고 유럽문화의 시사점을 발견하려고 노력하였다.

　　　　　　　　　　칠순에 떠난 86일의 유럽 자동차여행

이탈리아의 알프스

여행 37~42일 차, 5.31~6.5

01

가르다호수의 시르미오네

여행 37일 차, 5월 31일, 금요일

베네치아의 영광을 뒤로하고 남쪽의 알프스인 돌로미티(Dolomiti) 서쪽으로 진입하기 위해 거점도시인 볼차노(Bolzano)로 향하였다. 가는 길에 이탈리아에서 가장 크다는 가르다호수의 남쪽마을인 시르미오네(Sirmione) 마을을 찾았다.

시르미오네는 호수에 있는 작은 휴양마을이어서 현지인들이 가족 단위로 많이 찾고 있었다. 마을의 초입에서 중심지로 들어가는 길은 잔디공원으로 좌우가 호수어서 걷는 길이 즐거웠다. 가르다호수의 보석이라는 별칭이 있는 스칼리제로(Scaligero) 성까지 3킬로미터에 가까운 길이 이러한 공원으로 연결되어 있었다. 성의 입구는 도개교로 되어 있어 완벽한 방어 요새가 되고 있었다. 성에 들어가 전망대에서 호수를 바라보니 호수 위로는 산이 드리워지고 유람선이 다니는 평화로운 광경으로 호수변에 파도와 같은 물결이 밀려오고 있었다. 로마제국시대부터 귀족들의 휴양지로 각광을 받던 마을의 분위기를 느낄 수 있었다.

가르다호수에서 나와 이탈리아 알프스 돌로미티의 서쪽 거점 도시인 볼차노로 가는 길로 들어서니 고도가 높아지며 귀가 먹먹해지기 시작하였다. 산자락에는 구름이 운무가 되어 반기고, 멀리서 보이던 산정의 눈도 도로의 곁으로 가까이 다가오고 있었다.

볼차노에서의 숙소는 시내에서 거리로 25킬로미터 정도 떨어져 있는 곳이었다. 돌로미티의 산악길은 알프스의 가파른 언덕을 가로지르는 길이어서 매우 험해 운전에 상당한 주의가 필요하였다. 숙소는 알프스의 진수를 느끼려 1500미터의 고도에 위치한 산중의 전통적인 가옥을 선택하였다. 숙소(Residence Scheidnerhof, 3박 258유로)는 주인이 이곳에서 목장을 운영하면서 2층을 제공하고 있었다. 숙소에 도착하니 알프스의 산골에서 목축으로 일생을 살아온 주인이 방의 테이블에 알프스의 꽃을 장식하여 놓고 반갑게 맞아 주었다. 자신은 처음으로 동양인을 고객으로 맞는다고 하였다.

숙소에는 봄을 맞아 알프스의 초원인 알프가 드넓게 펼쳐지고 알프스의 3,000미터급 고봉들이 정상에 만년설을 뽐내고 있는 광경이 바로 눈에 들어왔다. 알프스가 베풀어 주는 장관에 부부는 탄식을 자아내고 있었다. 아시아의 동쪽 끝(Far East)에서 유럽여행을 계획하며 상상으로 꾸던 꿈이 현실로 다가오고 있었다.

스칼리제로 성과 호수

시르미오네 호수의 물결

칠순에 떠난 86일의 유럽 자동차여행

02

돌로미티 서부의 오르티세이

여행 38일 차, 6월 1일, 토요일

볼차노의 숙소에서 맞는 아침은 알프스의 고산지대 푸른 초원인 알프에 봄의 야생화가 장관을 이루고, 테라스에는 산허리를 휘감는 운무가 순간순간 연작의 그림을 그려내고 있었다. 자연이 이루어 내는 꿈과 같은 경관에 여행자는 선계에 있다는 착각이 들기도 하였다.

숙소에서 아침을 마치고 돌로미티 서쪽 지역의 관광중심도시인 오르티세이(Ortisei)로 향하였다. 오르티세이로 가는 길은 거리로 50킬로미터 정도였으나, 산길이 매우 좁고 험한 왕복 2차선의 도로여서 2시간 이상이 소요되었다. 이렇게 절벽의 험한 길을 운전하자니 많이 긴장하게 되었다. 이탈리아에서는 바로 뒤에 붙어 운전하는 것이 일상이어서 더욱 압박감을 느껴 가능한 느린 속도로 운전하였다. 알프스의 길은 험하였지만 곳곳이 절경을 이루어 수시로 휴게소나 정차장에서 관광객들과 함께 알프스의 경치를 감상하기도

하였다.

오르티세이에서의 첫 일정으로 돌로미티의 주요 봉우리인 2,500미터의 세체다(Seceda)에 오르려 하였다. 시내에서 멀지 않은 케이블카 정류장으로 가니 산의 정상에 눈보라가 심하여 운행이 중지되고 있었다. 알프스의 2,000미터에서 3,000미터급 고봉의 정상은 날씨가 수시로 변하여 자연이 허락하여야 올라갈 수 있는 상황이었다. 세체다를 오르려던 계획은 내일로 미루고 산중의 시내를 돌아보기로 하였다. 주민이 5천 명 정도인 이곳은 창틀과 외관을 알프스의 꽃으로 장식하여 볼거리를 제공하고 있었다. 시내에는 야외온천이 있어 비가 내리는 가운데도 넓은 풀에서 김이 올라오며 알프스의 아름다움을 간직하고 있었다. 오래전부터 산간마을은 목공예로 유명하여 곳곳에서 장인들의 작품을 감상할 수도 있었다.

여행하는 동안 맑은 날이 계속되어 더운 여름의 기온을 느꼈는데, 알프스의 산속은 평지보다 10도 이상 낮아 옷을 여미고 걸어야 하였다. 여름과 겨울을 함께하며 여행하고 있는 것이었다. 산자락을 감도는 구름의 흐름에 따라 변하는 경치는 시간과 공간을 초월하고 있다는 생각을 갖게 하였다.

오르티세이의 장식된 시내길

오르티세이의 산정온천

03

알프스의 세체다

여행 39일 차, 6월 2일, 일요일

알프스 험한 길을 다시 운전하여 오르티세이로 가서 확인하니 오늘은 정상의 날씨가 좋아 이탈리아 알프스의 전체를 조망할 수 있는 세체다(Seceda)의 케이블카에 승차할 수 있었다.

세체다를 오르는 케이블카의 발아래로는 알프스의 야생화초원이 내려다보이고, 주위에는 고봉들이 나름의 모습으로 눈앞에 다가왔다. 한참을 걸러 세체다의 2,500미터 정상에 도착하니 어제 내린 눈으로 설산의 장관이 연출되고 있었다.

정상에서 프랑스, 독일, 이탈리아, 오스트리아 등으로 이어진 알프스의 고봉을 바라보니 필설로 표현하기 어려운 감동이 밀려왔다. 한참을 정상에서 보내며 자연의 경이로움에 취하였다. 정상에 세워진 예수님의 십자가상(Croce del Seceda)에서 한없이 작고 나약한 한 인간의 구원을 기도하고 있었다. 정상에 오르면 반드시 내려가야 한다는 자연의 이치를 떠올리며 하산의 길을 준비하였다.

산의 정상에 다시 눈이 많이 내리기 시작하여 당초에 예정하였던 알페 디 시우시(Alpe di Siusi)로 이어지는 돌로미티의 아름다운 야생화 길을 걷는 트래킹 일정은 생략하였다. 세체다봉을 내려와 숙소로 향하는 길에도 알프스의 초원과 야생화가 계속되어 여행자는 곳곳에서 차를 멈추어야 했다. 알프스의 진수인 봄의 알프와 야생화가 함께 만들어 내는 자연의 절경이 이어지고 있는 것이었다. 알프스 산속의 초원에서 지나온 삶에 감사하며 하느님이 빚어낸 아름다움에 마음껏 빠져들었다.

세체다의 설경

세체다에서 바라본 알프스

알프스의 야생화

04

카레차호수의 명경

여행 40일 차, 6월 3일, 월요일

아침에 일어나 숙소의 테라스에서 알프스의 전경을 바라보며 주인이 선사한 과자와 함께 커피를 즐겼다. 주인의 안내에 따라 숙소의 곁에 있는 산책길을 걷고는 돌로미티에서 가장 맑고 아름답다는 카레차호수(Lago di Carezza)로 갔다.

카레차호수는 알프스의 빙하가 만들어 낸 호수로 도로의 바로 옆에 위치하여 쉽게 접근할 수 있었다. 호수의 앞에 있는 작은 터널을 통과하니 호수 전체를 조망하는 전망대가 기다리고 있었다. 전망대에서 바라보는 호수에는 알프스의 산이 드리워져 있고, 물속은 호수 바닥이 보일 정도로 투명하여 "무지개 호수"라는 별칭이 실감되었다. 지역에서 생산되는 자작나무는 바이올린 제작의 재료로 쓰이고 있어 보호되고 있었다. 카레차호수를 한 바퀴 걷고는 전망대의 의자에 앉아 한국에서 신혼여행 온 커플과 돌로미티의 여행에 관하여 이야기를 나누었다. 이들은 돌로미티에서의 트레킹이 꿈이어서 신혼여행지로 선택하였다고 하였다. 이미 꿈은 이루어졌다며 서로를 바라보는 모습이 사랑스러웠다.

카레차호수를 뒤로하고 돌로미티에서도 가장 험준하다는 페르다패스(Passo Pordoi)를 운전하였다. 험한 길임에도 불구하고 속도를 즐기는 스포츠카가 곡예하듯 질주하였다. 자전거로 올라가는 젊은이들도 힘든 길을 구슬땀을 흘리며 열심히 페달을 밟고 있었다. 돌로미티에서 가장 높은 3,343미터의 "산맥의 여왕"이라고 불리는 마르몰라다(Marmolada)봉에 도착하여 정상 밑까지 걸어 올랐다. 정상은 돌로미티에서 가장 크다는 빙하와 암벽으로 덮혀 있었다. 여름이 오는 계절임에도 산정에서는 금년의 마지막 스키를 즐기는 사람들의 정열이 힘차게 느껴지는 광경이었다.

카레차호수의 절경

마르몰라다의 설경

정상의 스키어

05

돌로미티 동부의 코르티나담베초:
트레치메 트레킹

여행 41일 차, 6월 4일, 화요일

돌로미티 동부의 거점도시이자 2026동계올림픽이 예정된 코르티나 담베초(Cortina d'Ampezzo)라는 도시의 인근에 있는 숙소에서 세계적인 트레킹의 명소인 트레치메를 걷기 위해 아침을 서둘렀다. 트레치메(Tre Cime di Lavaredo)는 세 개의 봉우리라는 뜻으로 치마 피콜라(Cima Piccola), 치마 그란데(Cima Grande), 치마 오베스트(Cima Ovest)봉을 지칭하고 있었다.

트레치메의 입구에 도착하니 다행히 성수기임에도 산장 주차장이 차지는 않았다. 관광 성수기에는 조금 늦게 도착하면 만차가 되어 산밑으로 다시 가서 버스를 타고 올라와야 하기에 다행이었다.

트레치메를 트레킹하는 출발 장소인 아우론조(Auronzo) 산장은 고도가 2,300미터여서 산중의 운무로 앞을 구분하기가 어려울 정도였다. 운무와 함께 산장의 입구에는 눈발이 날리고 바람도 심하게 불고 있었다. 트레치메는 높은 고도에 있어 항상 날씨의 변화가

     칠순에 떠난 86일의 유럽 자동차여행

트레치메의 위용

심하여 이에 대한 대비가 필요하였다. 우리 부부도 미리 준비한 우비를 입고 출발하였다.

트레치메로 향하는 트레킹 코스는 비교적 완만하여 누구나 쉽게 걸을 수 있을 것으로 보였다. 계속 산중의 운무가 길을 휘감아 하늘 위를 걷는 기분이었다. 아우론조 산장에서 트레치메의 밑에 있는 라바레도(Lavaredo) 산장까지 30분 정도를 걸으니 운무가 서서히 걷히고 눈도 그치며 트레치메의 3,000미터급 세 개의 거대한 돌산 봉우리가 모습을 나타내고 있었다. 라바레도 산장에서 다시 가파른 언덕을 힘겹게 올라 트레치메의 거대한 봉우리 앞에 서니 신만이 창조할 수 있는 자연의 경이로운 장관에 가슴은 벅찬 감흥으로 떨리고 있었다.

트레치메의 전경에 감탄하고 있는 사이에 눈이 다시 심하게 내리기 시작하였다. 트레치메를 한 바퀴 돌아가는 트레킹 코스의 다음 목적지로 트레치메의 경관을 가장 잘 볼 수 있다는 로카델리(Locatelli) 산장으로 길을 재촉하였다. 산장으로 가는 길은 눈이 이미 많이 쌓여 있고 눈발도 매우 심해져 앞을 구분하기가 어려울 정도로 변하고 있었다. 눈길에서 눈구덩이에 몇 번이나 넘어지는 강행군이 되고 있었고, 눈사태까지 곳곳에서 발생하여 안전상 로카델리로 향하던 길을 포기하고 라바레도 산장으로 돌아와야 하였다. 높은 산에는 날씨의 변화가 심하여 등산장비나 비상식량과 같은 준비가 필수적임을 절실히 느꼈다. 고산의 눈길을 5시간 이상 걸으니 몸은 완전히 탈진한 상태가 되었다.

산행의 도중에 한국에서 여행 온 육십 대 부부가 현지 식사에 적응하지 못하고 배까지 아프다고 하여 점심으로 준비한 볶음밥과 미역국의 도시락을 건네고 우리 부부는 산밑의 안톤호수 앞에 있는 카페에서 피자와 콜라로 늦은 점심을 하였다. 외국에서 여행하다 현지의 식사에 적응하지 못하게 되면 건강문제로 여행이 어렵게 되므로 항상 철저히 준비할 필요가 있었다. 가볍게 생각한 알프스의 산행은 결국 매우 힘든 산행이었지만, 기억에 오래 남을 감흥이 있는 트레킹이 되었다.

아우론조 산장

로카델리의 험한 눈길

06

돌로미티의 알레게 호수

여행 42일 차, 6월 5일, 수요일

돌로미티에서 남부 알프스를 가슴에 담는 이탈리아에서의 일정을 벅찬 감흥으로 보냈다. 이제 알프스의 남부에서 북동부의 오스트리아를 거쳐 중심부인 스위스를 지나 남서부의 프랑스 베르동 협곡으로 이어지는 알프스의 대장정을 이어갈 준비를 하였다.

숙소의 앞에는 알레게(Lago di Alleghe)라는 호수를 끼고 마을이 형성되어 있어 호수변을 걸으며 알프스에서의 일정을 확인하였다. 호수마을은 해발 1,000미터에 위치하여 3,250미터의 치비타(Civetta)봉이 바라보이는 알프스의 전형적인 전망을 보여 주고 있었다. 알레게 마을의 성당에 들러 건강한 여행에 감사하며, 이어갈 여정의 안전을 기원하는 기도를 드렸다. 마을의 광장에 있는 카페에서 호수를 바라보며 보내는 부부의 시간은 꿈과 같이 달콤한 시간이었다. 카페에서 함께한 주민은 알레게호수가 1770년 대규모의 산사태로 계곡이 막히며 형성되었다는 배경을 설명하여 주었다. 여

름에는 수영과 하이킹, 겨울에는 스키로 붐비는 휴양마을로 명성
이 있었다.

저녁에는 짝이 어제의 힘들었던 트레킹의 일정과 도시락을 한국
인 부부에게 주고 피자로 늦게 식사한 후유증으로 기침과 소화불
량을 호소하였다. 우선 비상약품으로 가져온 감기와 소화제로 응
급조치를 하고는 주변의 식료품점에서 구입한 신선한 대구를 재료
로 매운탕을 끓여 속을 달래고는 일찍이 휴식을 취하였다.

장기 여행에서 무리한 일정과 돌발상황에 제대로 대응하지 못하
면 바로 이렇게 건강과 안전에 영향을 주었다. 여행에서 힘든 일을
극복하는 과정은 결과적으로 알찬 여행을 위한 밑거름이 되곤 하
였다. 인생에서 도전과 시행착오가 삶을 풍요롭게 하고 겸허한 마

알레게 호수와 마을

음을 갖게 하는 것과 같은 이치였다. 하지만, 이를 겪는 당시의 상황에서의 고난은 여정을 포기하거나 다른 길로 우회하게 되는 결과를 초래하기도 하였다.

여행경험 12: 날씨와 기온

　여행을 계획하면서 가장 중요하게 고려한 것은 날씨와 기온이었다. 해외여행은 집을 떠나 이국의 낯선 곳을 계속 이동하여야 하므로 덥거나 춥고 또는 비가 많이 오거나 바람이 심한 계절을 피해야 하였다.

　이러한 점을 고려하여 유럽에서의 자동차여행은 봄의 끝자락에 출발하였고, 이탈리아 남부의 한여름 더위를 고려하여 프랑스에서 바로 이탈리아로 가는 일정으로 계획하였다. 프랑스 파리의 4월 말은 아직도 상당히 쌀쌀하였다. 프랑스를 지나 알프스를 넘어 이탈리아의 북부에서는 서늘한 기운을 아침저녁으로 느낄 수 있었다. 일부 숙소에서는 히터를 틀어주지 않아 준비했던 전기요와 이불을 요긴하게 활용하였다.

　피렌체와 로마 그리고 나폴리로 내려오니 5월 중순으로 낮에는 더위를 느끼는 초여름이 시작되어 그늘을 찾아야 하였다. 베네치아를 거쳐 알프스의 남부인 돌로미티로 들어서니 고도의 차이로 산정상에는 영하의 날씨와 눈보라가 기다리고 있는 겨울 날씨였다.

　여행이 장기로 이어지니 계절을 오가고 다양한 지역을 이동하며 산지나 해안이라는 특성에 따라 날씨는 수시로 변하고 있었다. 장기여행에서는 계절과 지역의 특성에 제대로 대비하여야 건강을 유지하며 안전한 여행을 계속할 수 있었다.

알프스 북부의 유명가도

여행 43~55일 차, 6.6~6.18

01

잘츠부르크로 이동: 친퀘토리 트레킹

여행 43일 차, 6월 6일, 목요일

이탈리아 돌로미티에서의 알프스 남부여행을 마감하고 알프스북부의 오스트리아와 독일로 향하는 여행길에 올랐다.

돌로미티의 동부거점도시인 코르티나담베초를 넘어가는 파소지아우(Passo Giau)라는 산길에서 최고의 트레킹코스로 이름이 알려진 친퀘토리(Cinque Torri, 다섯 개의 돌산 봉우리)의 정상에 섰다. 고봉에는 아침햇살이 비추어 설경과 어울려 환상적인 경관을 나타내고 있었다. 친퀘토리의 산정에서 바라보이는 알프스 설산의 하얀 고봉들은 높은 하늘과 함께 아침의 상쾌한 공기를 가르며 웅장하게 펼쳐지고 있었다. 세상에 태어나 이렇게 아름다운 광경을 볼 수 있다는 사실이 믿기지 않았다. 친퀘토리 바로 밑에서 짝과 인생 사진을 남기며 돌로미티에서의 추억을 사진으로 담기에는 너무나 벅차 가슴에 가득히 추억으로 담기로 하였다.

돌로미티에서 알프스의 길을 따라 270킬로미터를 북부로 향하는 도로에는 알프스의 만년설과 구릉의 야생화가 계속되고 있었다. 알프스의 초원을 배경으로 살아가는 주민의 일상을 음미하며 달리다 보니 이탈리아와 오스트리아를 가르는 5,200미터 길이의 브레너베이스터널(Brenner Base Tunnel)이 나타나 이곳이 국경임을 알게 하였다. 터널의 통과비용을 내며 직원이 여기가 오스트리아라는 말에 인간들이 만든 국경의 의미가 다양하다고 생각하였다. 알프스를 남에서 북으로 관통하는 해발 1,600미터의 높이에 있는 터널이 오스트리아로 진입하는 길이었다.

오스트리아로 들어와 고속도로의 운행에 필요한 통행증인 비넷(Vignette)을 구입하여 차에 부착하였다. 오스트리아는 이탈리아와 달리 고속도로의 통행료를 톨게이트에서 받지 않고 날짜 단위로 비넷이라는 통행증을 사용하고 있었다. 비넷은 고속도로의 휴게소에서 필요한 기간을 지정하여 비용을 지급하고 오스트리아의 어느 고속도로나 다닐 수 있도록 하는 제도였다.

독일어가 사용되는 알프스 북동부 오스트리아의 분위기는 이탈리아와는 상당히 달랐다. 유럽을 여행하며 프랑스어, 이탈리아어, 독일어권의 국가를 넘나들며 문화의 차이를 몸으로 실감하였다. 잘츠부르크의 외곽 30킬로미터 지점에 예약한 숙소는 독일의 인첼(Inzell)이라는 도시의 휴양마을에 소재하였다. 콘도미니엄 형태의 숙소(Chiemgau Appartements, 3박 187유로)는 다양한 시설에 가성비가 높았지만, 이탈리아에서는 충분하던 난방이 제공되지 않아 기침감기에 힘들어하는 짝이 밤을 나기에 걱정이 들었다. 숙소의 데스크에 연락하니 독일은 현재의 기온에는 난방하지 않는다며 여분의 침대시트를 지급하여 주었다. 독일사회의 몸에 밴 절약생활과 우

크라이나전쟁으로 인한 에너지 부족의 여파를 경험하게 되는 계기
가 되었다. 국내에서 가지고 온 상비약을 먹고 다행히 짝이 곤히 자
서 무사히 밤을 지낼 수 있었다.

친퀘토리의 다섯 봉우리

친퀘토리의 부부

친퀘토리에서 바라본 알프스

　칠순에 떠난 86일의 유럽 자동차여행

02

잘츠부르크의 모차르트

여행 44일 차, 6월 7일, 금요일

아침에는 숙소 인근에 호수와 공원이 있어 식사 후에 휴양객들과 함께 마을의 산책길을 걸었다. 마을의 산책길을 따라 흐르는 냇물에는 알프스에서 내려오는 맑은 물이 넘치도록 흐르고 있었다. 시내의 물에 손을 담가보니 매우 차가워 정신이 번쩍 들게 하였다.

산책을 마치고 독일 인첼의 숙소에서 오스트리아의 잘츠부르크로 출발하였다. 두 나라의 도시는 국경을 마주하며 고속도로로 연결되어 30분 정도의 운전으로 잘츠부르크의 시내에 진입할 수 있었다. 이탈리아에서는 바로 뒤에서 급히 차를 운전하는 관행이 있어 상당한 압박을 받았으나, 여기서는 일정한 차간거리와 제한속도를 잘 준수하여 운전이 한결 수월하였다.

잘츠부르크 시내로 들어가니 영화에 나와 더욱 유명해진 미라벨(Mirabell) 공원으로 이어졌다. 유럽에서 중세시대의 성 중 가장 크다는 11세기에 지어진 호엔잘츠부르크(Hohensalzburg)성이 언덕 위로 바라보이며 아름다운 미라벨 공원과 조화를 이루고 있었다. 미라벨 공원은 영화 "사운드 오브 뮤직(Sound Of Music)"에서 아이들이 선생님 마리아와 천진난만하게 도레미송을 부르던 장소였다. 미라벨 공원은 봄을 맞아 아름답게 꽃으로 장식되어 많은 관광객으로 붐비고 있었다. 미라벨 공원의 계단에서 황제와 교황의 성직자 서임권을 둘러싼 권력다툼의 산물인 언덕 위의 호엔잘츠부르크성을 바라보는 전경은 한 폭의 그림과 같아 부부도 이를 배경으로 사진을 찍었다.

미라벨공원에서 잘차흐강변의 다리를 건너 잘츠부르크의 명품가로 유명한 게트라이데(Getreidegasse) 거리에 있는 모차르트의 생가로 걸었다. 모차르트는 1756년에 이곳에서 태어나 17세가 되던 해까지 이곳에 살면서 음악가로 작곡하고 연주도 하였다고 하였다. 모차르트 생가의 노란 건물 앞에는 관광객들이 기념사진을 찍느라 여념이 없었다.

모차르트의 생가를 지나 모차르트가 세례를 받고 연주도 하였다는 잘츠부르크(Salzburger) 대성당으로 갔다. 대성당에서는 모차르트가 작곡한 음악으로 파이프오르간의 성가연주회가 진행되고 있었다. 입구에서 급히 매표하여 입장하니 유럽에서 가장 크다는 파이프오르간에서 가슴에 깊은 감흥을 주는 성가가 울려 나오고 있었다.

잘츠부르크 대성당에서 파이프오르간의 성가연주를 감상하고, 잘츠부르크 대주교들이 거주하고 집무를 보던 궁전으로 향하였다. 당시의 대주교는 종교의 지도자이자 지역을 통치하는 영주의 역할을 하고 있었다. 대주교는 자식을 갖고 사랑하는 연인에게 공원을 선사할 정도로 막강한 권력을 가지고 있었다. 종교와 정치가 혼재

　　　　　칠순에 떠난 86일의 유럽 자동차여행

되어 사회질서가 오염되며 결국에는 가톨릭의 혁명을 가져와 신교의 탄생을 예고하고 있는 현장을 확인할 수 있었다.

미라벨 공원의 봄

모차르트의 생가

03

할슈타트의 소금

여행 45일 차, 6월 8일, 토요일

잘츠부르크에서 옛 오스트리아 합스부르크가의 휴양지인 할슈타트(Hallstatt)를 찾았다. 할슈타트는 숙소에서 동쪽으로 70킬로미터가 떨어져 있는 알프스의 호수휴양지로 유명한 잘츠감머구트(Salzkammergut)지역의 마을로 잘츠부르크를 방문하는 많은 관광객이 찾는 명승지였다.

할슈타트는 알프스에서 발원한 빙하수로 형성된 호수마을로 소금의 생산으로도 명성이 있었다. 할슈타트의 지명은 켈트어로 "할"은 소금, "슈타트"는 마을을 의미하고 있었다. 할슈타트의 시내에는 꽃으로 장식된 아름다운 집들이 호수를 따라 아기자기하게 들어서 있었다. 오스트리아를 지배하던 합스부르크가의 휴양지라는 이름에 걸맞게 호수는 아침 햇볕을 받아 반짝이고 있었다.

호수의 옆길을 따라 전망대에 올라서 바라보니 마을과 성당의 첨탑이 어울려 그림엽서에서 보던 모습을 그대로 연출하고 있었다.

이곳이 유네스코문화유산으로 등재된 이유를 알 수 있을 것 같았
다. 이탈리아의 돌로미티에서는 눈이 오는 가운데 스키를 즐기는
모습을 보았는데, 이곳의 호수에서는 가족들이 수영을 하고 있었
다. 여행자는 겨울과 여름을 함께 오가며 계절을 느끼고 있었다.

　할슈타트의 아름다움을 느껴 보고는 볼프강호수(Wolfgangsee)로
가서 중세풍의 볼프강 마을을 걸었다. 이 지역은 알프스에서 발원
한 수많은 호수가 있어 맑은 물과 주변의 알프스가 조화를 이루며
휴양지로 명성을 갖고 있었다. 볼프강호수의 주변에서 수영, 하이
킹, 자전거 타기 등으로 여가를 보내는 주민과 관광객들과 함께 한
가롭고 여유로운 오후의 시간을 보낼 수 있었다.

할슈타트 시내로 들어오는 알프스의 맑은 물줄기

칠순에 떠난 86일의 유럽 자동차여행

04

알펜가도의 미텐발트

여행 46일 차, 6월 9일, 일요일

잘츠부르크에서 할슈타트의 일정까지 소화하고 독일 남부의 알프스를 이어가는 450킬로미터에 달하는 알펜가도로 달렸다. 알펜가도는 알프스에서 발원하여 만들어진 수많은 호수와 푸른 숲으로 이어지는 빼어난 경관으로 명성이 있는 도로였다.

잘츠부르크에서 알펜가도의 호수와 숲길을 따라 운전하는 길은 명성에 걸맞게 아름다운 경치가 계속되었다. 이러한 경관으로 19세기에 바이에른의 영주이던 루트비히 2세는 이곳의 킴호수(Chiem-see) 안에 있는 헤렌인젤(Helleninsel)섬에 헤렌킴제성(Schloss Her-renchiemsee)이라는 궁전을 건축하였다. 루트비히 2세는 디즈니의 모델이 된 퓌센의 노이슈바인슈타인성(Schloss Neuschwanstein)과 함께 이 성을 지었다고 하였다. 당시는 오랫동안 유지되어 오던 영주 제도가 붕괴되고 독일통일로 향하던 시기로, 정치보다는 예술적인 기질이 강하였던 영주가 정치에서 도피하여 궁전의 건축에 몰두하었다. 궁전을 관람하기 위해 선착장이 있는 프라우엔(Frauen)이라는 호수마을에 도착하였다.

프라우엔이라는 마을에는 작은 꼬마열차가 성으로 들어가는 선착장까지 운행되고 있었다. 석탄을 원료로 운행되는 증기기관차가 시골 마을의 정취를 물씬 풍기게 하였다. 선착장에서 1시간에 2~3회 운행되는 유람선을 타고 호수의 한가운데 있는 성으로 들어갔다. 성으로 가는 길은 울창한 숲으로 이어져 관광객들이 걷기에 알맞게 정비되어 있었다.

헤렌킴제성에는 프랑스식으로 가꾸어진 넓은 정원이 기다리고 있었다. 정원을 지나니 규모가 매우 큰 궁전의 건물이 나타났다. 궁전은 당시에 유럽 영주들의 로망이던 프랑스 베르사유 궁전을 모방하여 건축되었다. 섬의 한가운데에 이러한 궁전을 지은 이유를 이해하기는 쉽지 않았지만, 정치상황과 영주의 기질이 복합적으로 작용한 것으로 유추되었다. 이 궁전을 건축하던 루트비히 2세는 재정의 파탄을 맞고 급기야 의문의 죽음을 맞았다니 비운의 궁전이었다.

프라우엔이라는 마을에서 나와 퓌센으로 가는 알펜도로는 알프스의 산림이 계속되고 호수와 계곡이 이어지는 환상적 드라이브길이었다. 알펜가도에는 많은 오토바이와 자전거가 다니고 있어 운전에 상당한 주의가 필요하였다. 한참을 운전하여 알펜가도에서 가장 높이 위치한 미텐발트(Mittenwald)라는 작은 마을에 들렀다. 알프스 자락의 작은 산간마을은 프레스코화로 장식된 바이에른 양식의 건물이 줄지어 있어 관광객으로 붐비고 있었다. 미텐발트는 오랜 역사를 가진 바이올린 제작의 중심지이기도 하여 숙련된 장인들이 전통적인 방식으로 바이올린을 제작하고 있었다. 마을에는 바이올린 박물관이 있어 제작과정을 관람할 수도 있었다. 마을의 중심가인 오버마르크트(Auerberg Markt) 광장에서 젤라토로 여행의 피로를 풀며 하루를 마감하였다.

미텐발트의 프레스코화 건물

호수 안의 헤렌킴제 성

05

퓌센과 백조의 성

여행 47일 차, 6월 10일, 월요일

아침의 밝은 햇살을 받으며 로만가도가 시작되는 퓌센(Fussen)으로 향하였다. 퓌센은 유럽에서 스페인의 알람브라성, 포루투갈의 페나성과 함께 유럽에서 가장 아름다운 3대 성으로 알려진 노이슈바인슈타인성(Neuschwanstein Castle)이 인근에 있어 더욱 알려진 도시였다.

퓌센은 알프스를 배경으로 인근에 레흐(Lech)강과 포르노(Porgensee)호수가 있는 아름다운 휴양도시였다. 퓌센에서 대성당과 대주교의 별궁을 둘러보고는 바로 유명한 노이슈바인슈타인성을 찾았다.

퓌센에서 나오니 알프스의 산자락에 지어진 노이슈바인슈타인성이 눈에 들어왔다. 성은 디즈니의 모델이 되고 있어 더욱 이름이 알려져 있었다. 성의 주변은 호수로 둘러싸여 있고 알프스의 산허리에 운무까지 형성되어 외관이 신비롭게 보이기도 하였다. 이 성은 바이에른의 영주이던 루트비히 2세가 1869년부터 17년간 건축하였다. 외관이 하얀 백조의 형태를 띠고 있어 일명 "백조의 성"이라고 불리고 있었다. 성의 건축 당시에는 정치적 상황과 함께 논란이 많았으나, 지금은 독일의 대표적 관광지로 매년 300만 명의 관광객이 방문하고 있었다.

산밑 입구의 주차장에 주차하고 30분 정도의 산길을 걸었다. 셔틀버스나 마차를 타고 갈 수도 있어 어린이나 노약자들도 접근이 가능하였다. 성을 한 바퀴 돌아보며 산속에 성을 지은 영주의 의도를 헤아려 보았다. 당시 독일을 통일하려는 연방세력과 바이에른 영주이던 루트비히 2세와의 사이에 권력을 둘러싼 갈등과 프러시아와의 전쟁과 같은 정치적으로 복잡한 현안이 계속되는 상황이었다. 정치보다는 예술에 심취하던 영주는 독일 낭만주의 음악의 거장이자 작곡가인 바그너(Richard Wagner)와 친분을 가지며 산속에 성을 짓고 정치에서 도피하려고 하였다. 그는 정치를 피해 이러한 성을 건축하며 음악에 심취하다 결국 젊은 나이에 호수에서 의문의 사망을 하였다.

노이슈바인슈타인 성(백조의 성)의
전경

노이슈바인슈타인 성에서 바라본 마을과 호수

06

로만가도의 낭만

여행 48일 차, 6월 11일, 화요일

퓌센에서 출발하여 뷔르츠부르크로 이어지는 400킬로미터에 이르는 낭만적인 로만가도를 따라 운전하였다. 도중에 중세의 향기를 간직한 역사의 도시 아우크스부르크(Augsburg)에 들렀다.

로마제국의 시대에 로마가 건설한 로만가도는 중세에 신성로마제국의 중요한 교통로로 이용되었다. 로만가도를 따라 펼쳐지는 평원에는 소와 말을 키우는 목장과 함께 옥수수, 밀, 포도 등을 재배하는 농장이 계속되어 목가적인 풍광을 자아내고 있었다. 고속도로(아우토반, Auto Bahn)에서 무제한으로 속도를 내는 구간이 있어 신차의 능력을 마음껏 발휘하기도 하였다.

뷔르츠부르크로 가는 길에 로마의 첫 황제가 된 아우구스투스가 기원전 15년에 세웠다는 아우크스부르크라는 도시에 도착하였다. 시내로 진입하자 내비게이션에서 배기가스의 통제지역이라는 경고가 나왔다. 독일의 자동차 배기가스 통제에 대하여는 여행 전에 책에서 읽은 기억이 있어 바로 주유소에 가서 환경카드의 발급절차를 문의하였다. 주유소의 주인은 카드의 발급절차를 알지 못한다며 주변에 있는 자동차회사인 BMW지점을 친절하게 알려 주었다. BMW지점에서 안내를 받아 배기가스의 통제를 담당하는 자동차검사소(TUV)에서 운행카드를 발급받고 시내로 진입할 수 있었다.

아우크스부르크시의 청사 앞에 주차하고 중심거리인 막시밀리안(Maximilian)거리로 갔다. 아우구스투스를 기념하는 분수 앞에서 그가 이룬 로마의 지난날을 되새겨 보았다. 중앙광장을 나와 지역의 부유한 상인이었던 푸거(Jakob Fugger)가 1521년에 세계최초로 가난한 주민을 위해 자신의 재산으로 건립한 복지형 주거단지인 푸거라이(Fuggerei) 주택가를 걸었다. 마을 전체가 담으로 둘러싸여 아직도 푸거라이의 독특한 공동체를 이루며 거주하고 있었다. 푸거라이를 지나 중세 이후 루터가 일으킨 종교개혁의 무대이자 신구 기독교가 30년의 종교전쟁을 마무리하고 화합의 모임을 가졌다는 아우크스부르크 대성당을 둘러보았다. 신구교도가 공생하며 성당에서 함께 예배를 보았다는 역사를 간직한 성당에서 로만가톨릭, 동방정교, 러시아정교, 신교 등으로 분화되며 종교적 이념과 교회법을 둘러싸고 전쟁까지 치른 기독교의 역사적 변천 과정을 생각하게 되었다.

로만가도의 초원과 하늘

아우구스투스의 흔적

07

로만가도의 뷔르츠부르크

여행 49일 차, 6월 12일, 수요일

로만가도의 시작이자 종착점인 뷔르츠부르크(Wurzburg)는 기원전 11세기경부터 켈트인이 도시를 이루어 살고 있던 고도였다. 중세에는 이곳의 주교가 영주로 지역을 다스리기도 하였기에 가톨릭의 영향이 강한 특징을 볼 수 있었다.

뷔르츠부르크의 시내에는 마인강이 흐르며 강변의 좌우로 시가지가 형성되어 있었다. 강변의 좌측에는 마리엔베르크(Marienberg) 요새가 있고, 우측에는 시청사와 대성당 그리고 영주가 살던 레지덴츠(Residenz)가 위치하여 있었다. 대주교가 지역을 통치하고 종교적으로 막강한 영향력을 발휘하던 뷔르츠부르크 궁전을 돌아보고 대성당으로 가서 아침기도를 드렸다.

오후에는 뷔르츠부르크에서 한 시간 정도의 운전거리에 있는 작은 중세마을인 로텐부르크(Rothenburg)를 찾았다. 유럽의 30년 종교전쟁에서 큰 피해를 입었지만 재건되어 잘 가꾸어진 구시가지가 중세로의 여행을 인도하였다. 로텐부르크는 13세기에 신성로마제국의 자유도시로 지정되어 번영하던 도시로, 독일의 최고 관광도시라는 명성에 걸맞게 도시를 감싸는 성곽의 위를 한 바퀴 걸어 돌아볼 수 있도록 정비되어 있었다. 이러한 유적이 보존되어 지금은 관광객이 즐겨 찾는 명소가 되고 있었다.

뷔르츠부르크 광장

마인강과 요새

08

고성가도로의 밤베르크

여행 50일 차, 6월 13일, 목요일

로만가도의 뷔르츠부르크를 출발하여 독일의 만하임에서 체코의 프라하까지 1,200킬로미터에 걸쳐 신성로마제국 황제의 궁전과 요새가 곳곳에 있는 고성가도로 진입하였다. 뷔르츠부르크에서 고성가도의 156킬로미터를 달려 중세의 향기를 간직한 밤베르크(Bamberg)와 뉘른베르크(Nurnberg)를 찾았다.

밤베르크는 레그니츠(Regnitz)강과 마인즈(Main)강의 합류지점에 있는 물의 도시로 경치가 아름다워 "리틀 베네치아"로 불리는 도시였다. 시내로 진입하기 위해 레그니츠강을 가로지르는 운테레교(Untere Brucke)를 건너 옛 시청사로 향하였다. 시청사 입구의 벽은 프레스코화로 장식되어 있었고, 목골로 격자 형태의 문양으로 건축된 건물이 강과 어울려 도시의 아름다운 경관을 형성하고 있었다.

시청사의 입구를 지나 알프스 이북에서는 최초로 1046년에 교황으로 선출된 크레멘스 2세와 신성로마제국의 황제이던 하인리히 2세가 묻혔다는 밤베르크의 대성당에 도착하였다. 대성당은 1012년에 하인리히 2세가 세운 것으로 네 개의 첨탑이 우뚝 솟아 있었다. 로마네스크 양식에서 고딕 양식으로 넘어가는 과도기에 건축된 성당으로 독일을 대표하는 건축물 중 하나로 평가되고 있었다.

대성당에 들러 기도를 드리고 밤베르크 주교 겸 영주가 집무를 보던 알테호프할퉁(Alte Hofhaltung) 궁전을 돌아보았다. 중세에 종교 지도자가 영주를 겸하던 사회상을 다시 볼 수 있었다. 궁전의 광장에서 장작불의 연기향이 느껴진다는 훈연맥주로 유명한 밤베르크의 라우흐 비어(Rauchbier)를 시음하여 보았다. 독일에서는 카페에서 아침부터 맥주를 즐기는 것이 일상이어서 광장문화에 동참하며 주민들과 함께 하는 시간을 가졌다.

밤베르크에서 인근의 역사적 사건이 많았던 뉘른부르크로 향하였다. 뉘른베르크는 신성로마제국시대에는 자유제국도시로 상업과 문화의 중심지였으며, 나치시대에는 나치전당대회가 열렸고, 제2차 세계대전 후 전범재판이 열렸던 도시였다.

뉘른베르크의 시내로 들어가 중앙에 있는 광장에서 신성로마제국을 상징하는 40명의 인물이 동상으로 장식된 분수까지 걸었다. 당시의 사회상을 상징하듯 분수의 아래층에는 철학자와 예술가들이, 위층에는 신약 복음서의 저자와 예언자 그리고 선제후의 동상으로 장식되어 있었다. 광장의 분수를 지나 구시가지의 언덕을 올라 신성로마제국 합스부르크가의 주요한 황궁이자 요새이던 카이저부르크(Kaiserburg)성으로 올라갔다. 이성은 1050년에 축조되어 신성로마제국의 황제들이 머물며 집무를 보던 곳으로 황궁, 대성당, 성곽이 함께 있어 500년간 제국의 정치, 경제, 문화의 중심지였던 장소였다. 언덕에 있는 요새의 성에서 뉘른베르크의 시가지를 조망하며 옛 신성로마제국의 영광을 되새겨 보니 역사의 흐름 속에 있는 여행자의 현재 모습이 아련히 그려졌다.

운테레교의 가옥과 벽화

밤베르크의 훈연맥주와 광장문화

   칠순에 떠난 86일의 유럽 자동차여행

고성가도의 하이델베르크

여행 51일 차, 6월 14일, 금요일

뉘른베르크에서 다시 고성가도를 따라 200킬로미터를 이동하여 대학의 도시이자 관광도시로 명성이 있는 하이델베르크(Heidelberg)로 향하였다.

하이델베르크에 도착하여 구도심의 중심인 마르크트 광장을 거쳐 대성당인 성령교회(Heiliggeistkirche)로 들어갔다. 성령교회는 독일의 검소한 생활양식을 나타내듯 외부 규모에 비하여 내부는 상당히 소박하게 장식되어 있었다. 이 성당에서는 종교혁명 이후 신구교도 간의 갈등으로 교회의 절반을 나누어 별도의 예배를 보았던 역사의 현장을 보여주고 있었다. 기독교가 신구로 대립하여 30년간 전쟁까지 겪었던 유럽의 종교역사를 회상하게 하였다.

성령교회에서 언덕에 있는 1214년에 조성된 하이델베르크성(Schloss Heidelberg)으로 20분 정도를 걸어 올라가니 도시의 전경이 한눈에 들어왔다. 그동안 독일에서 신성로마제국의 황제를 선출하였던 7명의 선제후(마인츠, 쾰른, 트리어의 대주교 3명, 보헤미아, 라인, 작센, 브란덴부르크의 제후 4명)와 영주들의 갈등, 종교전쟁의 30년, 세계대전 등을 거치며 수많은 전쟁의 상처를 간직한 하이델베르크의 시내와 네카어(Neckar)강을 내려다볼 수 있었다.

하이델베르크성에서 내려와 비스마르크 광장으로 들어서니 카페에서 맥주를 마시는 주민의 모습이 들어왔다. 독일은 이탈리아에서 커피를 마시듯 아침부터 맥주를 마시는 것이 일상이기에 친근하게 다가왔다.

비스마르크광장에서 유럽에서 가장 오래된 대학교 중 하나로 1386년에 설립된 하이델베르크대학이 있는 하우프트(Haupt) 거리로 걸었다. 지난 역사의 흔적과 함께 젊은이들의 활기찬 모습을 느낄 수 있었다. 대학의 도시라는 명성에 걸맞게 카페의 분위기도 밝아 부부가 오후의 휴식 시간을 보내기에 좋았다.

대학가에서 하이델베르크 대학에 유학하는 외국학생의 모습을 바라보며 부부는 30대로 들어서던 1985년에 정부의 지원으로 미국에서 유학하였던 시절의 낭만을 회상하였다. 당시 대학촌의 설(Sur)피자라는 피자집에서 절약한 돈으로 간만의 외식으로 피자 한 판을 맛나게 먹던 그리운 추억을 그리며 서로 미소를 지었다. 아마도 궁핍하던 1964년에 원조를 받기 위해 독일을 방문하여 이곳 하이델베르크 인접의 "함보른(Hamborn) 탄광"에서 탄가루로 검게 얼룩진 파독광부들과 얼싸안고 눈물을 흘리던 박정희 대통령의 심정은 더욱 안타까웠을 것이라고 미루어 짐작하였다. 부부도 전쟁이 끝나고 태어난 전후세대로 그 가난을 고스란히 경험하였기에 지금처럼 젤라토로 편안하게 오후를 즐기는 시간이 너무도 행복하게 여

 칠순에 떠난 86일의 유럽 자동차여행

하이델베르크 시내의 전경

겨졌다.

　시내의 탐방을 마치고 주차장의 주소로 목적지를 설정하고 내비게이션의 걷기 기능을 활용하여 주차장에 왔으나, 지하주차장에서 주차한 위치를 찾을 수 없었다. 주차장에 관리인도 없어 난감하게 한참을 헤매는 중에 독일의 멋진 노부인이 우리를 발견하고는 만사 제치고 친절히 길을 안내하여 주었다. 주차장은 일반 주차장과 식료품점의 고객용으로 지하에서 양옆으로 구분되어 있어 이를 모르는 여행객은 자칫 혼란을 겪는다고 하였다. 길 위에서의 천사는 이렇게 도처에서 우리의 여정을 돕고 있었다.

대학가의 카페

대학가 모자와
노부부의 젤라토 시간

여행경험 13: 유럽 노부부의 일상과 여행

　유럽의 많은 관광지에서 은퇴한 노부부가 손을 맞잡고 여행하는 모습을 흔히 발견할 수 있었다. 젊은이의 여행과 같은 활달함은 사라졌어도 어렵지만 인생의 화려한 황혼을 뽐내듯 다정하게 서로 의지하며 걷는 모습은 풍부한 연륜을 느끼게 하였다.

어느 관광지에나 노부부들의 아름다운 동행이 있어 여행자의 감동을 자아내게 하였다. 일반적으로 여성보다는 남성이 걷기가 어려워 부인이 도와주는 모습을 많이 볼 수 있었다. 이들은 걷다가 힘들면 카페에서 커피 한잔으로 휴식을 취하며 쉬엄쉬엄 여행을 즐기고 있었다. 아마도 둘이 아니라면 이미 양로원의 침대에 누웠을 노부부도 서로 도와가며 여행을 이어 나가고 있었다.

오늘도 길가의 계단에서 노부부가 오후의 젤라토를 즐기며 한가한 시간을 보내는 모습이 너무도 보기 좋았다. 캠핑장에서 자동차나 캠핑카로 국경도 없는 유럽을 여행하는 노부부의 일상은 은퇴문화로 정착되어 가고 있었다. 여행에서 몸과 마음으로 느끼기 전에 책에 있는 지식은 종이에 불과하다는 말은 여행을 떠나 보아야 알 수 있는 순간이었다.

관광지에서의 노부부

10

와인가도의 스트라스부르

독일 고성가도의 시작이자 마지막에 있는 만하임(Mannheim)을 둘러보고, 남쪽으로 140킬로미터를 달려 프랑스 알자스 지방의 와인가도로 들어서 유럽의회가 있는 대도시 스트라스부르(Strasbourg)로 향하였다.

만하임은 고성가도의 핵심을 이루는 도시로 신성로마제국의 팔츠 지역을 다스리던 선제후가 1720년에 시작하여 40년에 걸쳐 신축한 궁전과 계획도시로 유명하였다. 이 지역의 선제후가 30년 종교전쟁으로 황폐화된 하이델베르크를 떠나 자신의 지배권을 강화하기 위해 만하임으로 수도를 옮기며 새로이 조성한 도시였다.

만하임 궁전은 독일에서 가장 큰 규모를 자랑하는 바로크양식의 궁전으로, 지금은 만하임대학의 캠퍼스로 사용되고 있었다. 궁전의 옆에는 만하임 대성당이 있어 시내의 중심을 형성하고 있었다. 대성당은 이탈리아와 비교하여 매우 소박한 모습이어서 기도하는 마음이 오히려 푸근하였다. 성당에서 나오니 한국물건을 판매하는 아시아계의 식료품점이 있어 부족하던 김치를 구입하고 추가로 라면도 비상식량으로 준비하였다. 만하임에는 한인교포사회가 형성되어 이러한 품목이 판매되고 있는 것으로 보였다.

만하임은 대학의 도시여서 인근에 세련되어 보이는 이발소가 많아 여행 52일 차에 길어진 머리를 커트하였다. 유럽에서 처음으로 하는 이발이어서 구체적으로 사진의 수수한 머리 스타일을 지정하였으나, 결국은 유럽식으로 짧은 머리를 만들어 주어 "바보 영구"라는 짝의 놀림을 받았다. 거울을 바라보며 파안대소하는 모습에 이발사도 따라 웃으며 엄지를 들어 올렸다. 그래도 서울을 출발하여 2개월 만에 이발하고 나니 시원한 기분에 카페에서 맥주를 한 잔하며 영구머리로 인증사진을 찍었다.

고성가도의 만하임을 떠나 프랑스의 와인가도에 있는 알자스 지방의 스트라스부르로 갔다. 스트라스부르는 독일과 프랑스의 경계에 위치하여 양국이 서로 영토를 두고 수많은 전쟁과 다툼을 벌였던 도시였다. 현재는 프랑스의 대도시로 유럽의회(Parlement Europe-an)가 있어 유럽 정치의 요충지 역할을 하고 있었다. 스트라스부르의 노트르담 대성당에 들러 13~14세기에 건축된 웅장한 주교좌 성당(Cathedrale)의 면모를 살펴보았다. 대성당에서 "쁘띠 프랑스(La Petite France)"라는 독일과 프랑스의 주거 양식이 공존하는 독특한 형태의 마을길로 걸었다. 이 지역은 독일과 프랑스가 서로 다투며 점령하기를 반복하였기에 전쟁의 아픔을 간직하고 있었다. 프랑스의 소설가인 알퐁스 도데(Alphonse Daudet)의 단편소설 「마지막 수업(La Derniere Classe)」에서 알자스로렌 지역의 스트라스부르가 독일에 점

쁘띠 프랑스의 운하와 가로

스트라스부르의 성당에서 공동묘지와 가옥의 공존

    칠순에 떠난 86일의 유럽 자동차여행

령당하여 프랑스어를 사용하지 못하게 되자, 마지막 수업을 프랑스어로 진행하던 장면의 배경이 된 곳이었다.

시내를 관통하는 운하를 따라 "바토라마"라는 유리 뚜껑이 있는 유람선이 운행되고 있어 주요한 운송수단으로 도시의 발전에 기여하고 있었다. 도심의 운하 주변은 나무로 된 격자 형식의 독일식 전통가옥이 빼곡히 들어서 프랑스를 여행하는 사람이 프랑스와 독일의 분위기를 함께 느낄 수 있는 특징이 있어 많은 사람의 마음을 사로잡고 있었다. 운하의 주변에는 카페가 이어지며 거리를 형성하여 유람선과 운하를 바라보며 프랑스의 아름다운 대도시를 제대로 느끼는 시간을 가질 수 있었다.

여행경험 14: 유럽여행에서의 일상생활

유럽에서의 여행은 자동차로 이동하였기에 숙소는 도심에서 20~30킬로미터 정도 외곽에 있는 아파텔이나 캠핑장을 선택하여 1일 70유로 내외의 상대적으로 저렴하고 가성비가 높은 곳에서 생활하였다. 숙소가 위치한 마을은 대부분 농촌이나 산촌의 인근이어서 주민이나 여행객과 함께하며 이들의 일상을 쉽게 접근할 수 있었다.

통상적으로 마을의 중심에 가톨릭 성당이 있고, 성당의 앞으로 광장과 상점이 있어 공동체를 형성하고 있었다. 이들은 성당을 중심으로 하느님을 마음에 담고 생활하다 생을 마치면 성당의 근처에 있는 묘역으로 돌아가고 있었다. 주민은 성당의 묘역을 공원처럼 여기고 수시로 찾으며 생활하는 장소가 되고 있었다. 정치체제가 변화하여도 이러한 생활양식은 2,000년을 유지하며 계속되고 있는 것이었다.

유럽에서의 식사는 장기여행이기에 건강의 유지와 여행비용의 절약을 위해 특별한 경우를 제외하고는 하루 세끼를 모두 한식으로 섭취하도록 하였다. 어느 마을에나 대형 식료품점이 있어 신선한 야채나 생선과 같은 식재료를 매우 저렴하게 구입할 수 있어 편리하였다. 한달이나 10일 정도를 여행하는 한국 여행객의 경우에도 현지의 음식에 적응하지 못하고 고생하는 경우가 종종 있어 안타까웠다.

유럽을 여행하며 이들의 광장문화에 친숙하여져서 이탈리아에서는 커피, 독일에서는 맥주, 프랑스에서는 와인을 가볍게 즐기는 것이 일상이 되었다. 오후에 아이스크림인 젤라토로 휴식을 취하는 시간은 마음의 안식을 찾는 호사의 시간이었다.

11

와인가도의 오베르네

여행 53일 차, 6월 16일, 일요일

프랑스의 와인가도에는 시원하게 펼쳐진 포도밭을 배경으로 수십 개의 와인 생산마을이 각자의 특성과 풍광을 자랑하고 있었다. 이 지역의 와인을 생산하는 마을 중 가장 아름답다는 오베르네(Obernai)로 향하였다.

오베르네로 들어가니 토요일이어서 관광객으로 붐비고 있었다. 오베르네의 대성당에 들러 하루를 시작하는 기도를 드리고, 구시가지의 끝까지 걸어 프랑스와 독일의 건축양식이 혼합된 알레망(Allemand) 스타일이라는 나무 장식으로 만들어진 건물들을 살펴보았다. 시장의 광장에서는 이곳의 특산품인 알자스 와인을 시음할 수 있어 활기찬 프랑스 북동부의 분위기에 젖어 보았다.

오베르네에서 나와 인근의 깊은 산 위에 있는 퀴니세인(Quinssaines)성을 찾았다. 이 성은 프랑스와 독일 등이 풍요로운 알자스 지방을 둘러싸고 각축을 벌이며 만들어진 역사를 간직하고 있었다. 성의 입구를 지나 성안으로 들어가 전망대로 올라갔다. 알자스 지방이 유럽제국의 각축장이었던 이유를 알 수 있을 정도로 아름답고 넓은 평원이 눈에 들어왔다.

성을 내려와 다시 포도밭이 양옆으로 펼쳐지는 와인가도를 달렸다. 가도를 따라 끝없이 이어지는 포도밭은 사진으로 담기에도 벅찰 정도로 황홀한 전경이었다. 도중에 정차하여 포도밭 사이로 한참을 걸으며 와인가도의 정취에 흠뻑 빠져 보았다.

성에서 와인가도를 따라 75킬로미터를 운전하여 관광도시로 이름난 콜마르(Cormar)라는 도시로 향하였다. 콜마르는 제2차 세계대전에서도 피해가 없었기에 중세부터 르네상스에 이르는 오래된 거리가 잘 보존되어 있었다. 형형색색의 목조가옥들이 도시를 흐르는 운하를 따라 작은 골목길로 이어지며 "쁘띠 베니스(Petite Venise)"라는 이름으로 불리는 멋진 풍광을 자랑하고 있었다. 와인가도의 콜마르는 인근의 대도시 스트라스부르와 함께 프랑스의 와인과 햄의 도시로 다양한 먹거리를 제공하는 대표적인 명소가 되고 있었다.

 칠순에 떠난 86일의 유럽 자동차여행

와인가도의 포도밭

콜마르의 목골가옥

12

흑림가도의 프라이부르크

여행 54일 차, 6월 17일, 월요일

프랑스의 와인가도에서 독일로 다시 들어와 전나무가 울창하여 검은 숲의 도로라고 불리는 흑림가도(Schwarzwald, 슈바르츠발트)를 달려 프라이부르크(Freiburg)로 향하였다.

흑림가도는 알프스 자락을 따라 독일에서 스위스로 이어지고 있었다. 흑림은 전나무의 숲이 울창하여 멀리서는 검게 보이고, 숲으로 들어가면 앞을 분간하기 어려울 정도여서 붙여진 이름이었다. 흑림가도에는 산림욕장과 트레킹 코스가 곳곳에 있어 수많은 리조트가 자리 잡고 있었다. 슈바르츠발트의 고원도로에서 능선을 달려 뭄벨체라는 깊은 산중의 호수에 도착하였다.

뭄벨체는 1,038미터의 고원지대에 위치하여 산밑보다 기온이 상당히 쌀쌀하였다. 파리에서부터 요긴하게 활용한 패딩 점퍼를 다시 꺼내 입고 숲으로 둘러싸인 호수변을 걸었다. 호수는 크지 않아 30분 정도 걸려서 한 바퀴를 돌 수 있었다. 산중의 호수는 평평하여 걷기에 좋아 많은 관광객이 주변을 산책하며 휴식을 취하고 있었다. 산책 후 레스토랑과 토산품점을 돌아보고, 아들의 세례명과 같은 미카엘이라는 작은 성당이 있어 묵상하며 아들과 딸의 행복을 기도하였다.

산중의 호수 뭄벨체

뭄벨체의 작은 성당

13

흑림가도의 정상

여행 55일 차, 6월 18일, 화요일

프라이부르크에서의 숙소(Zieglers Ferienwohnungen, 3박216유로)는 한적한 농촌마을에 위치하여 성당에서 들려오는 종소리를 들으며 아침을 맞았다. 마을의 뒤편에 있는 작은 공원에서 몸을 풀고는 흑림가도의 남부에 위치한 티티제호수(Titisee)를 찾았다.

티티제는 흑림가도의 산중에 있는 호수로 유람선이 오가고 수변에는 모래사장이 넓어 물놀이와 수영이 가능하였다. 호수의 주위에는 호텔과 음식점이 들어서 있어 이곳이 지역관광의 중심지임을 알려주고 있었다. 호수의 물안개를 바라보며 주위를 한 바퀴 걷는 걸음이 가벼웠다. 이곳은 깊은 산간이어서 겨울에 생활의 방편으로 제작하기 시작한 뻐꾸기시계가 세계적인 명성을 가지고 있었다. 환경의 결핍과 필요가 새로운 창조물을 만들게 한 것이었다.

티티제호수를 지나 흑림가도에서 가장 높다는 펠트베르크(Feldberg)산의 정상을 오르기로 하였다. 산 정상의 높이는 1,493미터로

214 　　　　　　　　

고도가 높아 상당히 추웠다. 산의 정상까지 리프트가 설치되어 있
었으나, 주위를 찬찬히 조망하기 위해 걸어서 올랐다. 산등성이에
는 봄을 맞아 야생화가 한창이었고, 숲에는 전나무가 울창하여 앞
이 안 보일 정도였다. 정상에서 흑림의 한가운데를 바라보니 멀리
알프스가 이루는 대자연의 신비와 검은 숲의 전경이 경이롭게 다
가왔다.

　펠트베르크를 지나 도나우강의 발원지라는 도나우에싱겐(Donau-
eschingen)이라는 마을을 찾았다. 도나우강은 총길이가 2,850킬로미
터로 독일남부인 이곳에서 발원하여 오스트리아 등 10개국을 거쳐
흑해로 흘러가는 유럽에서 두 번째로 긴 강이었다. 마을의 안에 있
는 도나우강의 시점이라는 장소는 작은 우물처럼 보여 실감이 나

지는 않았다. 흑림가도의 정상과 도나우강의 발원지를 돌아보고
나니 알프스의 능선에는 태양이 붉게 지고 있었다.

흑림의 정상

도나우강의 시점

 칠순에 떠난 86일의 유럽 자동차여행

7장

스위스의 알프스

여행 56~60일 차, 6.19~6.23

01

루체른의 리기산

여행 56일 차, 6월 19일, 수요일

독일에서 흑림가도의 끝인 프라이부르크를 떠나 스위스 알프스의 중심도시인 루체른(Luzern)으로 향하였다.

스위스는 중립국으로 EU국가가 아니어서 국경에서 경찰이 통과하는 차량에 대해 간단한 검사 절차를 진행하고 있었다. 유럽을 여행하며 프랑스에서 이탈리아, 이탈리아에서 오스트리아, 오스트리아에서 독일, 독일에서 프랑스로 국경을 넘나들어도 이같이 검사하는 모습은 처음이어서 생소하였다.

스위스에서 고속도로의 운행을 위하여는 오스트리아에서와 같이 비녯(Vignette)이라는 통행 스티커가 필요하였다. 고속도로에 진입하여 첫 번째 휴게소에서 비녯을 구입하여 차의 앞유리 오른편 위에 부착하였다. 이제는 스위스에서 고속도로를 무제한으로 운행할 수 있었다. 스위스에서의 비녯은 다양한 기간으로 구입이 가능한 오스트리아와는 달리 1년짜리 하나로 통일되어 여행 기간이 6일임에도 1년간의 비넷을 구입하여야 하였다.

루체른으로 가는 길은 알프스의 좁고 험한 산악도로로 이어졌다. 루체른에서 "산들의 여왕(Queen of the Mountain)"이나 "세상에서 가장 아름다운 곳"으로 불리는 리기(Rigi)산을 오르는 케이블카가 운행되는 비추나우(Vitznau)라는 마을로 향하였다. 케이블카를 타려고 산의 입구에 있는 매표소로 가니 티켓은 온라인으로만 구입이 가능하다고 하였다. 스위스 관광청의 홈페이지에 접속하여 교통패스를 구입하였다. 스위스에서 산악열차, 유람선, 케이블카, 버스 등의 교통수단을 3일간 자유로 이용할 수 있는 티켓이었다. 관광청에 온라인으로 구입하는 절차가 영문으로 설명되어 있었지만, 홈페이지에 접속하여 구입하는 과정이 쉽게 이루어지지 않아 다른 관광객들과 함께 한참의 실랑이를 벌여야 하였다.

리기산으로 올라가는 케이블카를 타고 아래로 내려다보니 알프스의 초원이 봄꽃과 어우러져 펼쳐지고 있었다. 위로는 알프스의 수많은 고봉이 함께 눈에 들어와 감탄을 자아내게 하였다. 리기산의 정상은 해발 1,800미터로 눈이 쌓여 있어 전망대로 올라가는 길은 한겨울의 산행을 느끼게 하였다. 부부는 가벼운 운동화를 신고 있어 조심스럽게 눈길을 걸어야 하였다.

리기산의 전망대에서 시리도록 푸른 하늘의 저편에 유럽의 중심부를 가르며 병풍처럼 펼쳐지는 알프스의 고봉을 한눈에 조망할 수 있었다. 알프스가 품은 자연의 장엄함과 유구함에 절로 겸허한 자세가 되어 바라보았다. 이탈리아 돌로미티에서의 알프스는 돌산의 남성적 느낌이었으나, 스위스의 리기산에서 바라보는 알프스는 능선의 야생화가 특징인 여성적 모습이었다. 하느님의 창조에 대

한 경외심으로 여행자는 마음을 가다듬고 조용히 삶을 묵상하고
있었다.

리기산의 알프스 전경

리기산의 한글 안내 표지

02

인터라켄의 산악열차

여행 57일 차, 6월 20일, 목요일

　스위스에서의 둘째 날에는 어제 구입한 티켓을 이용하여 최고의 기차여행 루트라는 골든패스 라인을 타고 스위스의 중심부인 인터라켄(Interlaken)으로 향하였다. 스위스의 산악열차는 알프스의 호수와 초원 그리고 산등성이의 구릉을 달리며 환상적인 파노라마를 연출하고 있었다. 열차에는 세계 각국의 관광객들이 알프스의 장관을 사진에 담느라 연신 카메라의 셔터를 누르고 있었다. 모두가 자연의 아름다움에 취하여 여행을 즐기는 모습이었다.

　인터라켄에 도착하여 선착장으로 가서 인터라켄호수의 산책로를 걷고는 바로 브리엔츠(Brienz)행 유람선에 승선하였다. 유람선은 수백 명의 승객을 태우고 바다와 같이 거대한 호수의 한가운데로 항해하였다. 호수를 가로지르며 나아가는 유람선에서 바라보는 알프스의 전경은 또 다른 감흥이었다. 브리엔츠로 가는 도중에 바흐(Bachs)라는 작은 마을에서 하선하여 알프스에서 내려오는 산간의 라이헨바흐(Reichenbach) 폭포로 올라가 알프스의 폭포와 멀리 보이는 호수를 감상하였다. 폭포에서 호수를 바라보니 스위스의 한가운데에 왔다는 실감이 들었다.

유람선에 다시 승선하여 브리엔츠로 향하였다. 브리엔츠에 도착하여 어제 저녁에 규격이 맞지 않아 애를 먹었던 전기어댑터를 COOP라는 상점에서 구입하였다. 유럽에서는 지역마다 규격이 다른 전기어댑터를 사용하고 있는 것이었다. 브리엔츠에서 다시 기차를 타고 루체른의 숙소로 돌아오니 황혼이 지고 있었다. 스위스의 잘 갖추어진 교통체계가 하루의 여행을 알차게 만들어 주었다.

골든패스 라인의 알프스

브리엔츠행 유람선

칠순에 떠난 86일의 유럽 자동차여행

03

루체른의 카펠교

여행 58일 차, 6월 21일, 금요일

루체른 외곽에 있는 숙소(Welcome Hotel, 4박, 373 스위스 프랑)에서 버스를 타고 스위스에서 가장 아름다운 도시이자 관광의 중심지인 루체른의 시내를 걸었다.

루체른역에 도착하여 호수변을 걸어 루체른의 대표적인 랜드마크로 1300년대에 만들어졌다는 카펠교(Kapellbrucke)로 갔다. 카펠교는 루체른호수 위의 로이스강에 세워진 지붕이 덮인 목조다리로 204미터에 달하여 유럽에서 가장 길고 오래되었다고 하였다. 카펠교의 교각에 걸려 있는 패널화 112장은 17세기 화가 '한스 하인리히 바그만'의 작품으로 루체른의 역사와 수호성인의 모습을 묘사하여 여행객에게 예술적인 아름다움과 함께 루체른의 이해에 도움을 주고 있었다.

카펠교를 건너 루체른을 방어하던 중세시대의 요새인 무제크 성벽(Museggmaer)으로 올라갔다. 성벽은 원래 시가지 전체를 감싸고 있었으나, 지금은 900미터의 성벽과 세 개의 탑만 남아 있었다. 무제크 성벽의 성루에서 알프스와 호수를 배경으로 한 아름다운 도시의 전경을 한눈에 바라볼 수 있었다.

성벽을 내려와 스위스의 험준한 산중에서 마땅한 자원이 없어 생존을 위해 유럽 각국에 용병으로 나갔던 스위스의 애환이 서린 '빈사의 사자상(Lowendenkmal)'으로 갔다. 빈사의 사자상은 프랑스의 루이 16세를 지키던 스위스 용병이 1792년에 공화정을 요구하는 프랑스의 혁명군에게 파리의 튈르리궁전에서 수적인 열세로 대부분 전사한 용사들을 추모하고 있었다. 이들의 용감한 정신을 기리기 위해 스위스의 조각가 '루카스 아호른(Lukas Ahorn)'이 1820년부터 1821년까지 루체른의 사암절벽을 파서 조각한 것으로 스위스가 알프스의 산중에서 힘들게 유지하여 온 역사를 나타내고 있었다. 미국의 유명작가 마크 트웨인도 방문하여 "세계에서 가장 슬프고 감동적인 돌덩이 작품"이라며 예술성과 역사적 의미를 평가하였다고 하였다.

오후에는 루체른의 호수에서 유람선을 타고 호수변에 있는 베기스(Weggis)라는 마을로 가서 휴식을 취하며 스위스에서 프랑스로 떠날 준비를 하였다. 스위스에서의 일정이 아쉬워 저녁식사를 마치고 숙소 앞 알프스자락의 트레킹코스를 걸었다. 산중의 길에서 알프스의 목동들이 연주하던 목관악기인 알프호른(Alphorn)을 연주하고 있는 노부부를 만났다. 알프호른의 소리가 너무 커서 산에서 연습하고 있는 것이었다. 노부부는 우리 부부의 여행에 건강과 안전을 기원한다며 즉석에서 알프호른의 연주를 들려주었다. 너무도 감명 깊은 산중의 연주에 몰입하다 갑자기 비가 오는 것도 느끼지

　　　　칠순에 떠난 86일의 유럽 자동차여행

못하였다. 비가 와서 악기의 보호를 위해 황망히 돌아가는 바람에 제대로 인사도 하지 못하여 매우 아쉬웠다. 여행길에서 길 위의 천사는 곳곳에서 여행자에게 감동을 주고 있었다.

루체른의 카펠교

알프호른을 연주하는
스위스 노부부

빈사의 사자상(창에 찔려 죽어가는 사자상)

04

프랑스 안시호수

여행 59일 차, 6월 22일, 토요일

루체른을 떠나 레만 호수변에 있는 브베(Vevey)와 몽트뢰(Mon-treux)라는 작은 마을로 이어지는 스위스의 가장 아름다운 길을 운전하였다. 도로의 옆으로는 루체른에서 레만호수의 몽트뢰까지 이어지는 산악기차인 골든패스 라인이 운행되고 있는 환상적인 길이었다. 레만호수의 작은 마을을 걷고는 은퇴 후 노후를 보내고 싶은 최고의 도시로 꼽히는 프랑스의 안시(Anney)로 향하였다.

루체른에서 레만호수로 가는 길은 아침부터 비가 오고 있어 운전에 주의가 필요하였다. 비가 오는 고속도로에서 알프스의 준령과 빙하 호수를 따라 운전하는 길의 아름다움은 꿈속이라는 착각이 들게 하였다. 고속도로를 따라 루체른, 브리엔츠, 툰호수가 레만호로 이어지고, 호수의 위로는 알프스의 산들이 드리워져 있으며, 산정에는 만년설이 작별의 인사를 보내고 있었다. 알프스의 산과 물이 어우러져 이루어 내는 자연의 조화에 감탄이 절로 나왔다. 레만

호수로 가는 210킬로미터의 도로를 운전하여 레만호수의 오른편에 있는 브베라는 마을에 도착하였다.

아침부터 부슬부슬 내리던 비가 브베 마을에 도착하면서 그치기 시작하였다. 브베 마을에 들어서는 길의 언덕에는 포도밭이 펼쳐지고 있어 조용한 산중마을의 정취를 느끼게 하였다. 파스텔톤의 건물을 따라 시내로 들어가니 레만 호수의 물결이 잔잔하게 밀려왔다. 호수변의 산책로에는 이곳에서 말년을 보냈다는 코미디언 찰리 채프린(Charles Chaplin)의 동상이 기다리고 있었다. 찰리 채플린의 동상을 보면서 "인생은 가까이서 보면 비극이고, 멀리서 보면 희극"이라는 명언을 생각하였다. 인생은 매 순간이 처음이고 다시 돌아올 수 없는 것이기에 오늘에 최선을 다하자는 다짐을 하고 있었다.

브베 마을을 나와 근처의 몽트뢰 마을에서 록그룹 "퀸"의 보컬리스트이던 프레디 머큐리(Freddie Mercury)를 만났다. 그가 마음의 평화를 얻었다는 호숫가의 길을 걸으며, 그가 이끈 퀸 그룹의 "Love Of My Life"라는 곡을 짝과 같이 들었다. 이곳에서는 매년 7월에 개최되는 세계재즈페스티벌의 준비가 한창이었다.

스위스의 브베와 몽트뢰 마을에서 나와 프랑스의 휴양도시인 안시로 100킬로미터를 더 달렸다. 안시에 도착하여 숙소(Appart's Seynod Annecy, 2박 188유로)의 입구에 들어서니 당혹스럽게 휠체어의 노인들이 반기고 있었다. 숙소는 시니어타운의 일부 공간을 활용하여 여행객에게 제공하고 있었다. 저녁에 숙소에 있는 식당에서 노인분들을 위로하는 봉사자들의 색소폰 연주가 있어 함께하였다. 누구나 언젠가는 스스로의 손과 발로 생활이 어렵게 될 것이므로 늙음을 자연스럽게 미리 견학하는 시간이 되었다.

브베의 세계음식축제를 기념하는 포크

레만호수의 전경

몽트뢰의 머큐리

228

05

알프스의 진주 안시

여행 60일 차, 6월 23일, 일요일

안시(Anney)에서의 아침은 간병인의 도움으로 식사하는 프랑스의 어르신들을 바라보는 것으로 시작하였다. 오늘 우리가 스스로의 힘으로 식사하고 걸을 수 있다는 사실에 감사하며 안시의 시내로 향하였다. 안시는 알프스에서 발원한 아름다운 호수가 있어 "알프스의 베네치아"로 불리며 휴양도시로 오래전부터 명성이 있었다.

안시의 시내로 들어서니 알프스 남쪽 끝자락에서 흘러내린 맑은 빙하수가 호수를 이루고 시내로 흘러 들고 있었다. 프랑스에서 은퇴 후 "가장 살고 싶은 도시"라는 면모를 살필 수 있었다. 구시가지에서 노트르담 대성당에 들러 여행에서의 안전과 건강을 기원하였다. 대성당을 나와 안시 공원으로 가니 휴일을 맞아 많은 주민이 나와 있었다. 공원은 안시호수에서 내려오는 시냇물과 다양한 나무가 잘 어우러진 산책길이 조성되어 있었다. 공원의 운동장에서는 시민들이 캐치볼, 야구 등을 즐기고 있었다. 시내를 따라 흐르는 안시호수와 연결된 바세(Vadde) 운하에는 "사랑의 다리(Le Pont des Amours)"라는 명소가 있어 젊은이들이 커플로 사진을 찍고 있었다. 다리의 중간에서 일생을 같이하며 살아온 짝과 인증샷을 찍고, 사랑으로 우리의 삶을 가꾸어 갈 것을 다짐하였다.

안시 시내를 나와 안시호수의 주변에 있는 몽텐(Monthen)이라는 마을로 갔다. 몽텐 마을의 호수에는 오후부터 비가 오기 시작하여 한적하게 걸을 수 있었다. 호숫가의 카페에서 주인은 낯선 동양인을 반갑게 맞아 커피에 곁들여 크루아상을 간식으로 제공하며 푸근한 인심을 보였다. 아시아의 동쪽 끝에서 비행기를 타고 파리에서 시작하여 이탈리아를 거쳐 스위스로 온 자동차여행의 일정에 대해 매우 흥미롭게 생각하였다. 카페주인의 환대를 받고 호수변으로 나오니 비가 오고 기온이 쌀쌀함에도 주말을 맞아 수영과 요트를 즐기고 있는 젊은이들의 열정이 아름다웠다.

안시시내의 공원

칠순에 떠난 86일의 유럽 자동차여행

안시호수의 젊은 열정

▶ 공원의 사랑의 다리

시니어타운의 색소폰 봉사자

프랑스 남부의 태양

여행 61~68일 차, 6.24~7.1

알프스 남부의 베르동 협곡

여행 61일 차, 6월 24일, 월요일

알프스의 휴양지인 안시에서의 휴식을 마치고 알프스의 계곡을 따라 남쪽으로 325킬로미터를 달려 남동부 프로방스 지역의 베르동 협곡(Gorges du Verdon)으로 향하였다.

프랑스의 남쪽으로 향하는 도로에는 양옆으로 알프스의 푸른 숲이 이어지고, 산의 정상에는 만년설이 하얀 자태를 뽐내고 있었다. 알프스에서 발원한 계곡물이 강을 이루며 흐르고, 계곡의 곳곳에는 호수가 만들어져 알프스의 산을 아늑하게 품고 있었다. 영화의 장면처럼 펼쳐지는 도로변의 풍경은 운전의 피곤함을 잊게 하였다.

베르동지역자연공원(Parc naturel regional du Verdon)은 알프스의 남부에 위치하여 니스, 칸, 프로방스와 같은 프랑스 남부의 유명도시와 가까웠다. 유럽의 그랜드캐년(Grand Canyon)이라 불리는 공원으로 700미터 이상의 협곡이 25킬로미터에 걸쳐 석회암 절벽으로 이

베르동의 호수 전경

루어져 웅장한 자연경관을 자랑하고 있었다. 남부지역이어서 상당히 더울 것으로 생각하였으나, 최고 25도에 최저 15도의 기온으로 여행하기에 부담은 없었다.

프랑스 남부의 유명 도시는 안전에 문제가 많다는 지적이 있어 계곡의 안쪽에 있는 캠핑장에 숙소를 잡았다. 캠핑장(Camping du lac, 3박 312유로)은 아직 본격적인 휴가철이 아니어서 비교적 한산하였다. 저녁식사를 마치고 숙소 인근의 생트크루아호수(Lac de Saint Croix)변을 산책하다가 지역주민인 프랑스 노부부를 만나 지역의 유래에 대한 설명을 들을 수 있었다. 부부는 어린 시절에 이곳에서 성장하여 도시로 나가 공직자로 살다가 은퇴하여 고향에서 전원생활을 하고 있었다. 호수는 이곳에 댐이 건설되면서 인공적으로 조성되었다고 하였다. 지금의 성당, 방앗간, 곡물저장고 등은 수몰 전에 마을에 있던 것을 그대로 복원한 것이라고 설명하며 내부를 안내

하기도 하였다. 여행길에서 유쾌한 천사를 다시 만나 행복한 산책
을 할 수 있었다.

호수의 선착장

베르동에서 길 위의 천사

　　　　　　칠순에 떠난 86일의 유럽 자동차여행

02

발랑솔의 라벤다

여행 62일 차, 6월 25일, 화요일

베르동 협곡 캠핑장은 6월 말임에도 호수의 곁에 있어 아침에는 서늘하였다. 하늘이 맑아 협곡의 험한 도로를 운전하기가 조금은 수월하였다. 숙소에서 협곡으로 향하는 길은 깎아 지른듯한 절벽으로 이어져 경치를 감상하기 위해 수시로 길옆에 정차하고 풍경을 사진으로 담게 하였다. 베르동 협곡의 가파르고 구불구불한 도로를 운전하여 카스텔랑(Castellane)과 무스티에생트마리(Moustiers Sainte Marie)라는 고풍스러운 마을에 들러 시가지를 걸었다. 산중에 있는 중세마을은 아직도 전통적인 옛 알프스 시골의 모습을 간직하고 있었다.

생트마리 마을은 프랑스에서 가장 아름다운 마을 중 하나로 바위산 기슭에 자리 잡고 있었다. 마을에는 성벽과 성당 그리고 수도원과 같은 역사적인 건축물이 잘 보존되어 중세 마을 분위기가 느껴졌다. 마을의 절벽 사이에 매달린 황금색 별은 17세기에 마을에 살

산중 생트마리의 거리

던 기사가 십자군 전쟁에서 무사히 돌아온 것을 기념하고 있었다. 시내의 곳곳에는 유명한 도자기의 생산지답게 공방에서 전통방식으로 제작하는 모습을 재현하고 있었다.

생트마리 마을을 나서서 베르동자연공원의 서쪽으로 나오니 평야 지대가 펼쳐지며 갑작스럽게 보라색의 라벤더밭이 황홀한 전경으로 다가왔다. 관광객들은 여름의 초입에 제철을 맞은 프로방스 지역의 라벤더 향기와 아름다운 색조에 취하여 환호를 지르며 차에서 내려 사진을 찍고 감상하기에 여념이 없었다.

다양한 종류의 라벤더 밭으로 이어지는 도로를 따라 라벤더 축제가 개최되고 있는 발랑솔(Valensole)이라는 도시로 들어갔다. 발랑솔은 연중 300일 이상 햇볕이 내리쬐는 "태양의 계곡"이라는 별칭이 있는 지역으로 프랑스에서 가장 넓은 라벤더 재배지역이었다. 라벤더 축제는 라벤더가 활짝 피는 6월10일에 시작하여 7월 말까지

　　칠순에 떠난 86일의 유럽 자동차여행

개최되고 있었다. 라벤더로 만들어진 수공예 기념품이 다양하게 판매되고 있었고, 라벤더 밭의 체험을 비롯한 프로그램도 운영되고 있었다. 운이 좋게도 축제 기간에 방문하여 흥겨운 분위기를 함께할 수 있었다. 라벤더가 이루어 내는 여름의 향연에 몸과 마음을 담으니 베르동의 저녁이 서서히 다가오고 있었다.

라벤더의 향연

생트마리의 도자기

03

영화의 도시 칸

여행 63일 차, 6월 26일, 수요일

베르동 협곡의 한가운데에 있는 캠핑장에서 맞는 아침은 산새가 날아와 지저귀고 산등성이에 태양이 솟아오르며 부부를 아늑한 세계로 이끌고 있었다. 아침식사를 마치고 호수가를 산책하고는 영화의 도시로 이름난 칸(Cannes)으로 향하였다.

칸까지의 거리는 지도상으로 60킬로미터에 불과하였으나, 협곡을 지나는 도로가 매우 좁고 가팔라 운전에 2시간이나 소요되었다. 나폴레옹이 알프스를 넘을 때 이 길을 사용하여 나폴레옹루트라는 이름이 붙여져 있기도 한 길이었다. 험한 산길을 나와 고속도로로 들어서니 지중해의 해안이 눈에 들어왔다. 세계적인 향수의 도시로 유명한 그라스(Grasse)와 연결된 해변의 휴양도시 칸에 도착하였다.

칸은 19세기까지 지중해의 해안에 있는 작은 어촌마을이었으나, 휴양지로 개발되면서 지금과 같은 영화의 도시로 발전하였다. 칸의 시내에서 도시의 상징인 해변으로 가는 길에는 세계에서 온 수

칸의 해변

칸의 성곽

많은 관광객이 각양각색으로 거리를 활보하고 있었다. 해변의 크루아제트(Croisette) 거리에는 칸영화제에서 수상한 배우들의 사진이 전시되어 이곳이 영화제의 도시라는 것을 알려주고 있었다. 금년 칸영화제는 이미 5월에 개최되어 컹그래스페리스(Congres Palais)라는 영화제가 개최되는 곳의 전시관에서 당시의 상황을 사진으로 살펴보았다.

해안길을 걸어 칸영화제에서 Red Carpet이 깔렸던 계단을 지나 언덕에 위치한 르 쉬케(Le Suquet)라는 구시가지로 걸었다. 구시가지에는 중세의 성곽과 성당이 잘 보존되어 있어 시내관광차(City Tour Train)를 타고 관광객들이 편리하게 돌아볼 수 있게 하고 있었다. 언덕에서 한눈에 바라보는 칸 시가지와 해변은 칸이 세계적인 휴양지라는 명성에 걸맞게 아름다웠다.

04

요새마을 앙트르보

여행 64일 차, 6월 27일, 목요일

알프스를 둘러싸고 주변국이 다툼을 벌였던 베르동 협곡에 있는 산골의 요새마을인 앙트르보(Entre Vaux)를 찾아 현장을 살펴보았다.

숙소에서 협곡을 따라 마을로 가는 길은 알프스의 길이어서 역시 매우 험하였다. 다행히 차가 많지 않아 도로에서 수시로 정차하고 주위의 경치를 감상할 수 있었다. 앙트르보는 요새마을답게 산을 등지고 위치하고 입구에는 작은 강까지 흐르고 있어 자연적인 방어가 가능한 견고한 마을이었다.

마을에의 진입은 입구에 놓인 성채를 통과하여야 하였다. 마을에는 곳곳에 전투를 위한 포대시설이 설치되어 있었다. 산 위에도 전망대와 별도의 요새가 있어 마을을 방어하고 있었다. 마을을 걸으며 당시에 산속에서 전투를 위한 생존의 방편으로 사용하던 제분소와 올리브기름 제조소 등의 자급자족 시설도 살펴보았다. 이곳

에서 어렵게 살아가던 주민들의 치열한 생활상을 상상할 수 있었
다. 현재는 공원과 생활시설이 잘 구비되어 있어 조용히 휴식을 즐
기려는 여행객이 많이 찾는 휴양마을이 되고 있었다.

   칠순에 떠난 86일의 유럽 자동차여행

05

아비뇽의 교황청

여행 65일 차, 6월 28일, 금요일

알프스의 남쪽 끝자락에 있는 베르동 협곡의 숙소를 출발하여 액상프로방스(Aix en Provence)와 아비뇽(Avignon)으로 향하였다. 협곡을 나오니 태양이 넘치는 프랑스 남부의 뜨거운 기온을 느낄 수 있었다. 낮의 최고기온이 35도까지 올라 계곡에서 입던 패딩 점퍼를 벗고 휴게소에서 반팔의 여름옷으로 갈아입어야 하였다.

액상프로방스에 도착하여 플라타너스와 분수로 유명한 미라보(Mirabeau) 거리로 갔다. 거리에는 "물의 도시"라는 이름에 걸맞게 수많은 분수가 여름의 더위를 식혀 주고 있었다. 구시가지의 중심에 있는 생소뵈르 대성당에 들러 아침기도를 드렸다. 이제 유럽에서 어느 곳을 가나 성당은 순례와 묵상의 장소로 여행의 일부가 되고 있었다. 아기자기하고 아름답게 정비된 도시의 분위기에서 세잔과 같은 예술가들이 사랑하고 작품활동을 하던 남프랑스의 도시 분위기를 느낄 수 있었다.

액상프로방스를 출발하여 로마에 있던 교황청이 정치적인 이유
로 프랑스로 이전되었던 역사의 도시 아비뇽으로 향하였다. 아비
뇽은 교황청이 있던 "아비뇽 유수(Avignon Papacy)"의 현장이어서 관
광객들로 넘치고 있었다. 아비뇽의 외곽에 주차하고 도시의 성곽
을 통과하여 언덕에 있는 옛 교황청으로 올라갔다.

아비뇽의 교황청은 1309년 교황 크레멘스 5세가 로마에서 옮겨
온 후 1377년까지 교황 7명이 머물렀던 장소였다. 아비뇽은 견고
한 성벽으로 둘러싸여 있었고, 바위산에 교황청이 건축되어 요새
를 방불케 하였다. 매우 더운 날씨여서 가능한 햇빛에의 노출을 삼
가기 위해 외부의 활동을 자제하며 도심의 언덕에 있는 교황청과
성당을 돌아보았다. 중세에 종교와 정치가 혼재하던 시기에 교황
과 황제가 권력을 둘러싸고 벌이던 혼돈의 역사가 눈에 들어왔다.
대성당의 옆에는 장미정원을 의미하는 로지레드홈(Rocher des Doms
Garden)이라는 교황청의 공원이 있어 더위를 피해 휴식을 취할 수
있었다. 정원에서 아비뇽의 하늘과 어우러진 론강을 가로지르는
"아비뇽의 다리"라 불리는 생베네제 다리(Pont Saint Benezet)를 내려
다보며 가톨릭의 아비뇽유수의 역사적 배경과 함께 유럽의 종교와
정치의 관계를 다시 생각하였다.

　　　　　　　　　　칠순에 떠난 86일의 유럽 자동차여행

아비뇽 교황청의 하늘

아비뇽의 생베네제 다리

06

고흐의 아를

여행 66일 차, 6월 29일, 토요일

아비뇽의 숙소에서 고흐의 흔적이 남아 있는 아를(Arles)로 향하였다. 아를로 가는 길에는 여름을 맞아 남프랑스의 풍부한 햇빛을 받고 자라난 해바라기가 한창 피어 장관을 이루고 있었다. 길옆에 펼쳐진 드넓은 해바라기밭을 바라보며, 고흐가 해바라기를 그린 작품도 이런 배경에서 나왔다는 생각이 들었다. 유럽 화가의 작품에서 자주 등장하는 뭉게구름도 유럽의 높은 하늘을 묘사한 것이었다. 예술가의 작품이 환경의 영향을 많이 받게 되는 것을 알 수 있었다.

아를은 로마시대부터 번성하던 고대도시로 대형 원형경기장과 극장이 마을의 역사를 짐작하게 하였다. 오래된 구시가지의 골목을 걸어 오벨리스크가 세워져 있는 광장으로 가서 로마네스크 양식의 대표적 건물 중 하나인 생트로핌(Saint Trophime) 대성당을 순례하였다. 대성당을 지나 포룸 광장에서 고흐가 그린 『밤의 카페』의

 칠순에 떠난 86일의 유럽 자동차여행

배경이었던 카페에서 고흐를 회상하며 한잔의 커피로 시간여행을 하였다.

고흐는 매우 값이 싸고 도수가 강했던 '압셍트(Absinthe)'라는 술을 좋아하여 결국은 알코올 중독으로 정신병원에 입원하기도 하였다. 고흐가 정신병으로 입원하였던 옛 수도원이던 생폴드 병원을 걸으며 그의 인생을 느껴보았다. 그는 파리에서의 복잡한 생활을 피해 조용하고 햇볕이 강렬한 남부 프랑스 아를에서의 작품활동을 위해 1888년 2월에 이주하여 1889년 5월까지 머물며 아를의 밝은 햇빛과 해바라기와 같은 풍경을 200점 이상의 그림으로 그렸지만, 그의 그림은 당시에 인정을 받지 못하여 실제로 판매되지는 못하였다. 그는 아를에서 동료이던 고갱과의 불화로 파리 근교의 작은 농촌 마을인 '오베르 쉬르 우아즈'로 거처를 옮겨 1890년 37세의 젊은 나이에 스스로 생을 마감한 비운의 화가였다. 고흐가 "행복도 슬픔도 영원하지 않다"라고 말하며 짧은 생을 마감한 삶의 뒤안길을 떠올렸다.

정신병원의 정원에서 그가 겪었던 피폐한 생의 아픔을 생각하며 내부를 살펴보았다. 노란색으로 채색된 병원의 정원은 해바라기의 강한 색감을 느끼게 하였다. 병원을 나와 그가 생을 방황하며 그린 "별이 빛나는 밤"이라는 그림의 배경이 된 아를의 론강을 걸어 후기 인상파의 선구자였던 화가의 고뇌를 함께 하여 보았다.

아를에서 더위를 식히기 위해 남쪽으로 30분 정도 운전하여 지중해의 해변과 론강의 삼각주 지대에 있는 "보흐 해변(Plage du Petit Rhone)"으로 가는 길에는 고흐가 그리던 해바라기가 제철을 맞아 노랗게 평원을 물들이며 장관을 이루고 있었다. 지중해의 해변은 더운 날씨에도 불구하고 탁 트인 바다에서 불어오는 해풍이 시원하였다. 해변의 햇볕은 뜨거워도 그늘에서는 바람이 시원하여 여름을 즐기는 관광객은 바다의 파도를 마음껏 즐기고 있었다. 해변의 백사장이 곱고 파도가 상큼하게 몰려와 하루의 피로와 더위를 가시게 하였다.

저녁식사를 마치고 묵은 세탁물을 세탁하기 위해 지하의 코인세탁기로 가서 기계를 조작하였으나 작동이 되지 않았다. 통상적으로는 동전으로 작동하는 형태였으나, 이곳은 신용카드와 동전을 병용하여 사전에 사용시간까지 미리 설정하여야 하였다. 기계작동이 미숙하여 혼란을 겪다 세탁하는 흑인 청년에게 도움을 요청하였다. 청년은 영어를 전혀 못 한다며 프랑스어와 몸짓으로 도움을 주어 간신히 세탁기를 작동시키고 저녁산책을 하고 돌아왔다. 세탁기의 앞에는 "To dry your laundry, you must choose machine 20 or 24, pay and start the program"이라고 메모지가 남겨 있었다. 아마도 흑인 청년이 자신의 세탁을 마치고 돌아가며 우리에게 건조기의 작동방법을 알려주기 위해 영어를 찾아 메모지에 써서 붙여놓은 것으로 보였다. 부부는 예상치 못한 유쾌한 도움에 흐뭇한 미소로 길 위의 천사에게 감사의 인사를 마음속으로 보냈다. 이러한 천사는 곳곳에서 여행을 가능하게 하며 여행자의 마음을 따스하게 하여 주었다.

 칠순에 떠난 86일의 유럽 자동차여행

아를의 고대 원형경기장

아를의 고흐흔적: 카페

아를의 고흐흔적: 병원 정원

고흐가 그린 해바라기 꽃

칠순에 떠난 86일의 유럽 자동차여행

07

지중해의 페르피냥

여행 67일 차, 6월 30일, 일요일

아비뇽을 출발하여 프랑스의 로마라고 불리는 님(Nimes)이라는 도시의 근처에 있는 로마시대의 상수도인 수도교를 살펴보고, 남서부 쪽으로 200킬로미터를 달려 피레네산맥과 지중해가 만나는 페르피냥(Perpignan)으로 향하기로 하였다.

아비뇽의 숙소가 구시가지를 감싸는 성채의 바로 앞에 있어 아침을 마치고 구시가지의 성채 안을 산책하였다. 아비뇽의 구시가지는 중세의 건물이 그대로 보존되어 일부는 대학의 교정으로 사용되고 있었다. 대학축제의 계절이어서 각종 동아리의 광고가 거리를 메우며 분위기를 돋우고 있었다. 대학가의 젊은 에너지를 느끼고는 고대도시 '님'에 물을 공급하던 가르수도교(Pont du Gard)로 향하였다.

수도교는 로마의 첫 황제였던 아우구스투스가 기원전 45년에 많은 전쟁에서 공을 세웠던 장수들의 거처 마련을 위하여 도시를 만

들며 건축한 시설이었다. 기원전 50킬로미터나 떨어진 우제스
(Uzes)라는 수원지에서 물을 시민에게 공급하기 위해 만든 것이었
다. 현대에도 제대로 식수조차 공급하지 못하는 지역이 많은 것을
생각하니, 당시에 로마의 건축기술력과 시민의 생활편익을 향한
정치체제를 회상하게 하였다. 님이라는 도시의 근교에서 고도차를
이용해 건설된 수도교는 로마제국의 수도교 중 원형이 가장 잘 보
존된 것으로 이미 1985년에 유네스코세계문화유산으로 지정되어
있었다.

수도교는 성채보다 큰 엄청난 규모의 교각으로 2000년 전의 모
습을 그대로 간직하고 있었다. 로마제국이 주요지역에 도시를 건
설하며 주민의 일상생활을 위해 물을 공급하던 대단한 기술력이었
다. 실제로 최근에도 가르수도교를 보완하여 수원지에서 물을 끌
어오려고 시도하였으나 실패하였다고 하였다. 도심에서 50킬로미
터가 넘는 거리에 있는 산에서 고도차를 이용하여 곡선으로 수로
를 건설하기에는 비용이 지나치게 소요되고, 직선으로 만들기에는
수압의 문제가 발생하여 실패하였다고 하였다.

가르수도교를 살펴보고 피레네산맥 근처의 스페인에서 가까운
프랑스 최남단의 도시 페르피냥으로 이동하였다. 남서부로 향하는
고속도로에는 본격적인 휴가철을 맞아 피서객으로 북적이고 있었
다. 여름이면 유럽에서는 남쪽의 프랑스나 스페인의 해변을 찾아
휴가를 보내는 것이 로망이라 하였다. 남서부의 해변을 따라 운전
하다가 여행 중 처음으로 폭우를 만났다. 그동안의 여행에서는 대
체로 날씨가 맑았기에 이러한 비가 반갑게 느껴지기도 하였다.

페르피냥에 도착하여 도시의 입구에 있는 14세기에 로마네스크

가르수도교의 웅장한 자태

페르피냥의 요새 겸 궁전

양식으로 건축된 카스티유(Castillet) 성문을 지나니 생장 대성당이 나타났다. 성당을 순례하고 구시가지를 거쳐 마요르카(Majorca) 궁전 겸 요새에 올라 시내를 조망하였다. 이러한 높은 곳에 요새가 만들어진 것은 스페인과 프랑스의 경계지역으로 서로 주도권을 다투는 과정에서 자연스럽게 이루어졌다고 하였다. 페르피냥은 17세기까지는 스페인의 영토로 카탈루냐의 문화권에 속하였으나, 지금은 프랑스의 영토로 스페인과 프랑스의 문화가 혼재하는 독특한 특성으로 많은 관광객이 찾는 휴양도시가 되고 있었다.

 칠순에 떠난 86일의 유럽 자동차여행

08

페르피냥의 지중해 해변

여행 68일 차, 7월 1일, 월요일

페르피냥에서 프랑스와 스페인 카탈루냐 지방의 중간에 있는 독립국가 안도라로 가려던 일정을 생략하고 남부 지중해의 해변에서 하루의 여유시간을 갖기로 하였다.

아침에 일어나니 숙소(Residence d'Anjou-Grand Studio, 2박 114유로)의 테라스에 갈매기가 날고 있었다. 지중해의 해변에서 찾아온 반가운 손님이었다. 오늘의 기온은 최고 28도 최저 18도로 남프랑스의 전형적인 여름 날씨를 보이고 있었다. 페르피냥의 숙소에서 25킬로미터 떨어진 해변으로 향하였다. 지중해의 태양을 받으며 모래밭이 드넓게 펼쳐져 있었다. 여름 휴가철이고 일요일이어서 휴가객이 많음에도 불구하고 해변이 매우 넓어 한산하게 느껴질 정도였다. 지중해의 파도가 발등을 간지럽히고, 고운 모래의 감촉으로 한참을 걸었다. 가족과 부부가 함께하는 해변의 풍경은 유럽의 휴가문화를 느끼는 계기가 되었다.

　해변에 있는 음식점에서는 간단한 식사와 맥주를 팔며 경쾌한 음악을 들려주고 있었다. 식당에서 그늘이 만들어지고 누울 수 있는 대나무 의자를 약간의 이용료를 받고 제공하여 편안하게 지중해의 해변을 즐길 수 있었다. 바다로 나가도 크게 덥지 않아 밀려오는 파도와 함께 불어오는 지중해의 해풍이 장기간의 여행으로 피곤하였던 심신을 풀어주고 있었다.

페르피냥의 가족휴가

　지중해의 해변에서 여유를 즐기다 보니 그동안 보지 못한 아들과 딸이 그리워져 영상으로 지중해의 멋진 광경을 보여주었다. 이제는 아들과 딸도 사십을 넘어 별도의 가정을 가졌으니 제대로 독립시키고, 칠십의 인생을 살아오며 힘들었던 기억은 파도에 실려 보내기로 하였다. 현역의 은퇴를 맞으며 당황하였던 잠시의 혼돈은

해변에서 노인의 독서

그동안의 경험을 바탕으로 새로운 시작의 발판으로 삼아 다가올
내일의 삶을 보람차고 건강하게 맞는 밑거름으로 삼으리라는 다짐
하였다.

여행경험 15: 인터넷과 신용카드

유럽에서도 인터넷과 핸드폰이 보편화되어 각종 정보를 온라인으로 제공하고 있고, 신용카드가 일반적으로 활용되고 있어 여행을 편리하게 하여 주었다.

지역의 관광지, 숙소, 상점, 주차장 등을 모두 인터넷상의 구글 정보에서 찾아 안내받을 수 있었다. 국내에서 현지의 인터넷을 활용할 수 있는 유심칩을 구입하여 공항에서 삽입하고, 별도의 현지 전화번호를 부여받아 사용하였다. 짝의 유심에서 받은 현지의 전화번호는 연결상의 문제로 작동하지 않아 핸드폰으로 서로 연락이 불가능하였다. 복잡한 시내에서는 서로 확인하면서 걸어야 하는 등의 불편을 겪어야 하였다.

핸드폰의 내비게이션 기능을 한국어로 설정하여 놓고 구글과 웨이즈의 안내를 동시에 받았음에도 곳곳에서 길을 잃는 해프닝은 연속되었다. 생소한 지역이어서 내비게이션의 안내에 따르기 쉽지 않았고, 한국어 안내도 숫자를 혼동하거나 생소한 단어를 사용하여 항상 주의가 필요하였다.

유럽여행에서 관광지에의 입장은 모바일로 미리 티켓을 구매하여야 일정의 소화가 가능하였다. 해당기관의 홈페이지나 대행업체인 티켓마스터라는 곳에서 약간의 수수료를 지불하고 사전에 예약하였다. 티켓마스터와 같은 대행사를 이용하는 경우에 주요한 목적지에 불필요한 여행상품이나 영어가이드를 패키지로 비싸게 판매하는 사례가 있으므로 확인하고 예약하여야 하였다. 로마에서 콜로세움에의 입장권과 거리안내를 같이 판매하여 결국 영어로 이루어지는 거리가이드는 포기하기도 하였다.

신용카드는 비자와 마스터 카드를 종류별로 발급받아 사용하였다. 현지에서 필요한 현금을 최소한으로 보유하기 위해 현금카드와 핸드폰에 트레블월넷(Wallet)도 개설하여 준비하였다. 상점이나 고속도로의 톨게이트에서 신용카드의 사용이 보편화되어 있었지만, 일부에서는 신용카드를 받지 않는 곳도 있어 일정한 현금은 항상 준비하고 있어야 하였다. 특히, 유럽에서 화장실은 대부분 유료로 관리비에 해당하는 사용료 1유로를 지급하는 것이 일반적이어서 동전을 크기에 따라 구분하여 넣는 "코인 소터(Coin Sorter)"가 유용하게 활용되었다.

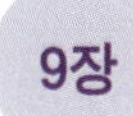

9장

프랑스 중서부의
평원과 대서양

여행 69~80일 차, 7.2~7.13

01

요새도시 카르카손

여행 69일 차, 7월 2일, 화요일

프랑스 남부의 페르피냥에서 중남부의 요새도시인 카르카손(Car-cassonne)으로 향하였다. 페르피냥의 숙소에서 나오니 어제 저녁에 내리던 비가 그치고 하늘이 맑게 개어 아침의 여행길에 상쾌함을 주고 있었다. 피레네산맥과 알프스의 중간에 이어지는 프랑스 중남부의 평원에는 밀과 채소 그리고 해바라기와 같은 농작물이 풍요롭게 자라고 있었다.

페르피냥에서 평원 110킬로미터의 거리를 달려 카르카손에 도착하니 유럽 최대의 성채라는 시테성(Cite de Carcassonne)이 눈에 들어왔다. 카르카손의 중심부를 흐르는 오드강을 사이에 두고 성채 마을인 시테(Cite)와 루이 9세가 13세기에 정비한 루이(Louis)마을이 반겨 주었다. 시테성으로 향하는 다리를 건너니 언덕 위에 축조된 견고한 성채가 바라보였다.

시테성은 서남아시아의 이슬람 세력이 이베리아반도를 넘어 유럽 본토로 진격하던 시기에 전진기지로 삼던 성채였다. 유럽의 프랑크 왕국과 이슬람의 우마이야 왕조 사이에 벌어졌던 732년의 투르-프아티에 전투에서 유럽의 연합군이 승리하여 피레네산맥을 경계로 이슬람과 가톨릭 세력의 국경이 만들어지기까지 군사적 요충지로 매우 중요한 역할을 하였다. 프아티에 전투에서 가톨릭 세력이 승리하지 못하였다면 유럽에는 사라센의 이슬람 역사가 전개되었을 것이었다.

이 전투에서 프랑크 왕국의 궁재(행정책임자)였던 카룰로스 마르텔(Charles Martel)은 전쟁을 승리하며 명성과 권력을 얻고, 그의 아들 피핀 3세가 이를 이어받아 유명무실하던 메로빙거 왕조(Merovingian Dynastie, 481-751년)를 무너트리고 카롤링거 왕조(Carolingienne Dynastie, 751-987년)를 열어, 카룰로스 마르텔의 손자인 카롤로스 대제가 유럽의 황제로 즉위하면서 프랑스, 이탈리아, 독일로 이루어지는 서유럽의 기초를 마련하였다. 카롤로스 대제는 서로마제국이 476년에 멸망하며 상실되었던 서유럽의 황제권을 교황 레오 3세로부터 800년에 다시 인정받았다. 로마의 황제권은 962년에 다시 명실상부하게 대제 오토 1세로 이어져 1806년까지 800년간의 신성로마제국으로 발전하며 서유럽정치역사의 토대를 마련하게 되는 것이었다.

시태성은 입구부터 3킬로미터에 달하는 성곽과 53개의 망루가 육중하게 이중삼중의 성채로 이루어져 있었다. 성채 입구를 지나 내부의 광장을 거쳐 성안의 성이라는 콩달성의 성벽으로 올라가니 시내 전체를 조망할 수 있었다. 군사적 요충지답게 성의 외곽은 오드강으로 둘러싸여 견고한 요새를 형성하고 있었다.

　시내를 조망하고는 시테성을 나와 성 왼쪽의 노프다리를 건너 루이지구의 바둑판같이 잘 정돈된 구시가지로 들어갔다. 루이지구는 프랑스 왕 루이 9세의 명령으로 13세기에 건설된 도시로 시테성의 견고한 분위기와는 달리 도심에서 신시가지의 활발한 분위기를 느끼게 하였다. 루이지구의 카르노 광장에서 커피 한잔으로 휴식을 취하며 하루를 마감하였다.

성벽의 견고한 위용

루이지구의 구획된 시내길

02

툴르즈의 도미니크수도자

여행 70일 차, 7월 3일, 수요일

툴르즈에서의 아침은 기온이 15도이고 약간의 구름이 있는 정도여서 시내를 걷기에 좋은 날씨였다. 툴르즈(Toulouse)는 프랑스에서 네 번째로 큰 대도시로 항공우주산업과 대학의 도시여서 메트로가 시내로 연결되고 있었다.

툴르즈 시내의 카피톨(Capitole)역에서 내려 광장으로 들어서니 붉은색 건물이 이어지고 있었다. 시내의 중심을 흐르는 가론강에서 채취한 진흙으로 구운 벽돌이 붉은색을 띠기 때문이었다. 툴르즈는 건물의 이러한 특징으로 "장미빛 도시(La Vile Rose)"라는 별칭을 갖고 있었다.

시내를 걸어 툴르즈의 중심에 있는 로마네스크건축양식의 대표적 건축물인 생세르냉 대성당(Basilique Saint Sernin)으로 가서 아침기도를 드렸다. 대성당은 가톨릭이 인정되기 이전인 3세기에 툴르즈의 초대주교로 이교도에 의해 순교한 세르냉성인을 추모하기 위해

4세기에 예배당으로 건립되어, 11세기부터 13세기에 걸쳐 로마네스크양식의 대성당으로 재건축되어 산티아고 순례길의 중요한 경유지가 되고 있었다. 대성당에는 평소 존경하였던 테레사 수녀가 모셔져 자신보다 힘든 이들의 등불이 되었던 일생을 묵상하게 하였다. 그녀를 묵상하는 과정에 "두려워하지 마세요! 나는 행복합니다. 여러분도 행복하세요!"라고 당부하며 세상을 떠나면서도 주위의 신자들을 위로하던 요한 바오로 2세 교황의 말씀이 귓전을 스쳤다.

대성당을 나와 툴르즈 시내의 중심을 흐르는 가론강으로 가는 길에 가톨릭 도미니크수도회의 발상지인 자코뱅 성당에 들렀다. 성당에는 미국의 도미니크수도회에 소속된 수도자들이 순례하며 기도하고 있었다. 젊은 수도자들의 간절한 기도 모습에 감동하여 순례길에 결실이 있기를 기원한다는 인사를 나누었다. 여행자의 진심어린 인사에 수도자는 십자가가 달린 목걸이를 선물로 주며 부부의 여행길을 축복하여 주었다.

성당을 나와 시내를 흐르는 가론강의 다리에서 야곱 사도를 순례하는 길인 "산티아고 데 콤포스텔라(Santiago de Compostela)"로 향하는 노란색의 조개껍질 안내판을 발견하였다. 툴르즈의 많은 종교 유적은 스페인으로 향하는 산티아고길의 순례장소가 되고 있는 것이었다. 여행자도 언젠가는 그 길을 걸어볼 것이라 다짐하며 가론 강가를 걸었다.

가론강을 지나 툴르즈의 또 다른 명물인 미디운하로 향하였다. 미디운하는 툴르즈에서 지중해로 문물을 나르는 중요한 역할을 하는 240킬로미터가 넘는 운하였다. 툴르즈에서 다양한 문물이 결합된 도시의 면모를 살피며 산업의 중심도시로 성장하는 현장을 볼 수 있었다.

▲ 성당에서 기도하는 순례수도사

대성당의 테레사 수녀 ▶

▲ 툴르즈의 야곱사도 순례길 표지

칠순에 떠난 86일의 유럽 자동차여행

03

피레네의 미디산

여행 71일 차, 7월 4일, 목요일

툴르즈에서 출발하여 180킬로미터를 달려 피레네산맥 안쪽에 위치한 성모발현의 가톨릭 성지 루르드(Lourdes)로 향하였다.

그동안의 여행 일정을 소화하며 알프스는 상당히 친근하였지만, 유럽 남서부의 피레네산맥은 처음이어서 루르드로 가는 도중에 2,000미터가 넘는 고봉인 미디(Aiguille du Midi)산을 경유하기로 하였다. 미디산으로 올라가는 길은 깊은 산길이어서 도로가 매우 험하였다. 주위에 마을도 별로 없는 산중도로를 1시간 정도 운전하여 산정마을에 도착하였다. 산정마을은 고도가 높아 잔설이 남아 있을 정도의 기온이어서 옷깃을 여며야 하였다. 미디산의 정상으로 올라가는 리프트가 운행되고 있었지만, 시간상의 제약으로 정상으로 가는 것은 생략하고 피레네의 고봉마을을 체험하는 것으로 만족하였다.

미디산을 내려와 성모 발현의 성지인 루르드에 들어서니 프랑스에서 파리 다음으로 많은 숙소가 있다는 성지의 면모를 느끼게 하였다. 루르드를 흐르는 가브강의 다리를 건너 성모발현의 현장으로 가는 그로트(Grotte) 도로에는 신부님과 수녀님의 순례하는 모습이 보였다. 성모님을 상징하는 성물을 파는 상점이 줄지어 이어지며 도시의 분위기가 차분하게 다가왔다.

가톨릭에서 성모님의 발현이 공식적으로 인정된 세계 3대 성지답게 로사리오 대성당(Basilica of Our Lady of the Rosary)은 장엄하였다. 대성당의 옆에는 성모님의 말씀에 따라 땅을 파서 솟아났다는 "치유의 샘물"이 있었다. 샘물의 근처에는 영육의 치유를 기원하는 사람들이 두 손을 모아 기도하고 있었다. 대성당 광장에는 저녁 5시에 거행되는 성체조배의 행렬이 길게 줄을 지어 지나가며 영육의 치유를 기원하고 있었다. 사람이 살아가면서 늙고 병들어 신에게 의존하는 과정을 깊이 묵상하는 순간이었다.

루르드의 가브강

 칠순에 떠난 86일의 유럽 자동차여행

기적의 샘물

성체조배의 행렬

대성전의 묵주기도 행렬

04

루르드의 성모님

여행 72일 차, 7월 5일, 금요일

루르드의 성지는 피레네산맥에서 발원하여 대서양으로 흐르는 가브강 상류에 위치하고 있었다. 산속의 작은 마을에 살던 14세의 베르나데트(Bernadette)라는 소녀가 1858년 성모님의 발현을 18번 경험하고, 성모님의 말씀에 따라 마사비엘 동굴(Grotte de Massabiele)의 안쪽을 파니 병자를 치유하는 기적의 샘물이 나왔다고 한다. 로마교황청에서 성모 발현을 1865년에 공식적으로 인정하고 동굴 위에 대성당을 세우며 가톨릭의 성지가 되고 있었다.

새벽에 일어나 어제의 감동을 떠올리며 대성당의 밑에 있는 성모 발현의 야외 동굴성당으로 갔다. 동굴성당의 앞에는 치유의 샘물을 마시거나 미사에 참여하려는 사람들이 새벽의 고요한 분위기에서 기도하고 있었다. 동굴의 안쪽에 있는 치유의 샘물을 보기 위해 줄을 서서 동굴벽에서 기도하는 신자들의 손길로 동굴벽은 반짝일 정도로 닳아 있었다. 샘물은 바위의 틈에서 조금씩 흐르고 있었다.

모두가 간절히 치유의 샘물 앞에서 성모님의 은총을 기원하고 있었다.

오전 6시에는 동굴성당 앞에서 신부님의 집전으로 미사가 시작되었다. 새벽미사를 마치고 성당의 오른편으로 가니 전 세계에서 찾아오는 환자에게 치유의 샘물로 목욕시키며 기적의 의식을 행하는 장소가 있었다. 아직은 이른 아침이어서 의식은 거행되지 않고 있었다. 샘물로 의식을 거행하는 장소를 지나 다리를 건너니 수난을 겪는 그리스도의 모습을 형상화한 "십자가의 길"이 조성되어 있어 묵상하며 지난날의 삶을 돌아보는 시간을 가졌다. 강변의 십자가의 길에서 묵상을 마치고 성모 발현의 기적을 체험한 성녀 베르나데트가 생활하던 집과 성당에서 그녀의 신심을 느껴 보았다.

날이 밝으며 대성당의 광장에는 성모마리아의 자애로운 상이 수많은 순례객을 따스이 맞고 있었다. 세계 각지에서 몸과 마음의 치유를 기원하고, 성령을 체험하려는 순례객이 수없이 들어오고 있었다. 대성당에 들어가 간절히 기도하는 신자들과 함께 무릎을 꿇고 인생의 마지막 장을 보람차게 보낼 수 있도록 기도하였다. 대성당의 위로 올라가 성지 전체를 관망하며 성지에서의 시간이 인간의 언어로는 표현하기 어려운 영적인 체험으로 밀려옴을 느꼈다.

로사리오 대성당의 광장에서 출발하는 성체를 성비오성당(Saint Pius X Church)에서 저녁 5시에 조배드리는 의식은 최고의 은총을 받는 행사여서 병자를 비롯한 순례자들이 모두 참석하고 있었다. 성체행렬에는 휠체어를 타고 있는 환자들도 함께 치유와 기적을 기도하고 있어 애잔함을 느끼게 하였다.

저녁 9시에는 로사리오 광장에서 거행되는 묵주기도의 행렬에

참여하였다. 여름밤 피레네의 산속에서 울려 퍼지는 "아베-아베-아베 마리아"의 간절한 합창소리가 영혼의 울림으로 다가왔다. 성지의 넓은 광장을 모두 채운 순례자들이 촛불을 들고 기도하는 행렬에는 남녀와 빈부 그리고 동서양의 차이가 있을 수 없었다. 오직 성모 마리아의 은총을 바라는 순례자의 간절함이 있을 뿐이었다. 이곳으로 인도하여 주신 성모님의 은총에 대한 감사의 기도를 드리며 영혼의 축복을 소원하였다.

칠순에 떠난 86일의 유럽 자동차여행

동굴성당의 새벽

성비오성당의 성체조배의식

루르드의 성모님

05

보르도의 와인

여행 73일 차, 7월 6일, 토요일

피레네산맥의 가톨릭 성지 루르드를 떠나 남서부 프랑스의 항구 도시이자 와인생산지로 세계적 명성을 갖고 있는 보르도(Bordeaux)로 향하였다.

루르드를 떠나려 하니 영적인 일깨움과 장엄한 분위기에 대한 아쉬움으로 다시 대성당으로 가서 아침기도를 드렸다. 어쩐지 성모님의 품을 떠난다는 마음이 들어 발길이 가볍지 않았다. 영육이 힘들면 다시 와서 성모님을 뵙겠다고 다짐하였다. 영혼의 안식으로 가슴이 충만해지는 아침이었다.

루르드에서 250킬로미터를 북서쪽으로 달리니 피레네 산속에서 시원하던 기온이 갑자기 더워져 여름옷으로 갈아입어야 했다. 어젯밤 늦게까지 대성당의 저녁 묵주기도에 동참하고, 한국에서 순례 온 신자들과 신앙에 대해 이야기하는 바람에 피곤하여 짝과 교대로 운전하여야 하였다.

고속도로 휴게소에서의 오찬

　여행에서 생활리듬을 잃으면 건강과 안전에 문제가 발생하기에 오후에 보르도의 시내를 보려던 일정을 단축하고 바로 숙소(Hotel Enight, 2박 112유로)로 향하였다. 저녁에는 2024 유럽축구대회 8강전인 프랑스와 포르투갈의 경기가 있어 숙소의 바에서 준비한 대형 스크린으로 경기를 관람하며 맥주를 마시고 주민들과 함께하는 시간을 가졌다.

06

셍테밀리옹의 포도밭

여행 74일 차, 7월 7일, 일요일

프랑스 남서부의 중심도시인 보르도의 시내와 와인의 주요 생산지인 셍테밀리옹(Saint Emilion)이라는 마을을 찾았다.

어제의 피로로 단축했던 보르도를 찾는 일정까지 소화하기 위해 일찍 숙소에서 출발하였다. 보르도에서 50킬로미터 북동쪽에 위치한 셍테밀리옹에 먼저 가기로 하였다. 셍테밀리옹은 보르도 지역에서 메를로(Merlot)라는 포도품종의 와인 생산지로 세계적 명성을 갖고 있었다. 마을로 진입하는 길의 구릉에는 포도밭이 이어지며 여행자를 맞고 있었다. 마을에 도착하여 바로 관광센터에서 와이너리 투어를 신청하였다. 아침의 이른 시간이어서 관광객들이 많지 않아 10시 30분에 출발하는 2시간짜리 투어를 쉽게 예약할 수 있었다.

와이너리 투어에서는 가이드가 포도농장을 함께 걸으며 포도의 품종과 지역역사에 대하여 설명하여 주었다. 와이너리로 들어가니 전문가가 와인 생산을 공정별로 설명하고 시음하는 과정으로 진행하고 있었다. 와인은 포도생산연도의 날씨와 숙성의 기간 등 다양한 요소에 따라 맛과 향이 다른 특성이 있다며 시음을 권하였다.

와이너리 투어를 마치고 이곳에서 8세기에 은둔하며 수도에 전념하던 성에밀리옹(Saint Emilion)과 제자들의 숨결이 살아 있는 석회질 암반의 지하에 지어진 모노리드(Monolithe) 성당에 들렀다. 이곳에서 기도하던 에밀리옹을 기리기 위해 제자들이 9~13세기에 세운 것이었다. 가톨릭에서 수도를 위해 세상을 뒤로하고 오직 하느님의 말씀을 따르던 이들의 일생을 묵상하였다.

오후에는 어제 미루었던 일정인 보르도 시내로 출발하였다. 보르도는 피레네에서 발원한 가론강이 시내를 흐르고 대서양에 인접하여 무역중심지이자, 주변에 메독, 포무롤 등의 와인생산지로 세계적 명성이 있는 도시였다. 보르도의 시내에서 가론강가를 걸어 항구를 통해 들어오는 물품을 기록하며 관리하던 세관이 있는 부르스(Bourse) 광장을 걸었다. 로마시대부터 물류가 유통되던 보르도 항구에는 젊은이들이 노래와 함께 춤을 추며 선교 활동을 하고 있어 이들의 유쾌한 광경을 한참이나 구경하였다. 보르도 항구를 통하여 번성하던 이 지방은 중세에는 아키텐 공국(Duche d'Aquitaine)의 수도가 되기도 하였다. 보르도는 아키텐 공국의 상속녀가 12세기에 영국 왕 헨리 2세와 결혼하여 영국의 영토로 귀속되었다가, 프랑스가 18세기에 다시 회복한 역사를 간직하고 있었다.

보르도 항구를 지나 캥콩스 광장으로 가니 프랑스대혁명에서 희생된 지롱드 당원을 추모하는 기념비가 솟아 있었다. 캥콩스 광장에서 번화가인 세인트캐서린가(Rue Saint-Catherine)를 거쳐 1137년에 프랑스 루이 7세가 결혼식을 거행하였다는 생앙드레 대성당(Cathedrale Saint Andre)으로 향하였다. 높은 천장과 뾰족한 아치가 특징인 프랑스 후기 고딕양식의 아름다움으로 1998년에 유네스코세계문화유산으로 지정되었다. 대성당은 가톨릭에서 야곱 사도의 길을 따라 순례하는 산티아고길의 중요한 순례 장소로 종교적으로 매우 중요한 의미가 있었다. 하루에 두 일정을 소화하며 많은 볼거리로 몸은 피곤하였으나 마음은 충만하였다.

셍테밀리옹의 포도밭

셍테밀리옹의 와인

보르도 젊은이의 유쾌한 열정

07

프아티에의 이슬람

여행 75일 차, 7월 8일, 월요일

프랑스 남서부의 중심도시인 보르도를 출발하여 732년 이슬람의 사라센제국과 기독교의 프랑크 연합군이 피레네산맥 이북 지방을 두고 유럽의 패권을 겨루던 역사의 도시 프아티에(Poitiers)로 향하였다. 당시 이곳에서 프랑크 연합군이 패하였다면 지금의 유럽은 이슬람의 지역이 되었을 것이었다. 보르도를 출발하여 가론강과 도르도뉴(Dordogne)강을 지나 밀과 포도밭이 계속되는 프랑스 남서부 평원의 고속도로 250킬로미터를 북서쪽으로 달렸다.

프아티에에 도착하여 불로삭(Blossac) 공원의 주위에 주차하고 시내로 들어갔다. 시내는 일요일을 맞아 조용하였으며, 기원전 3세기부터 조성된 도시어서 오래된 건물이 고풍스럽게 줄지어 보존되고 있었다. 역사적으로 상당한 의미가 있어 기대하였던 8세기의 프랑크 연합군과 이슬람과의 전쟁이나, 14세기의 프랑스와 잉글랜드와의 백년전쟁의 격전지였던 유적을 발견하기는 어려웠다.

　시내의 길을 걸어 생피에르 대성당(Cathedrale Saint Pierre))을 순례하였다. 대성당은 로마네스크와 고딕양식이 복합된 12세기에 지어진 배경을 가지고 있었다. 대성당은 보수유지가 미흡하여 칙칙하고 어두운 분위기였다. 몇몇 관광객과 함께 내부로 들어가 기도를 드렸다. 대성당의 앞에는 유네스코문화유산으로 등록된 5세기에 건립된 프랑스에서 가장 오래된 기독교 건축물 중의 하나인 생장 세례당이 과거를 대변하고 있었다.

프랑스 남부평원의 밀밭과 뭉개구름

08

루아르의 고성

여행 76일 차, 7월 9일, 화요일

프아티에의 숙소(Aparhotel Adagio Access, 2박 98유로)를 출발하여 루아르(Loire)강가의 고성지대에 있는 수많은 고성중 앙부아즈(Chateau d'Amboise)와 슈농스성(Chateau de Chenonceau)을 관람하기로 하였다.

루아르 지방은 뛰어난 풍광과 풍요로운 자연이 있어 "프랑스의 정원"이라고 불리는 지역이었다. 루아르 지방의 성들은 11세기부터 16세기에 프랑스의 왕권이 불안하고 백년전쟁과 같은 전란이 많았던 시기에 외적으로부터의 방어나 도피를 위해 건설되었다. 이 지방은 파리의 왕들이 15~16세기에 이곳에 체류하게 되면서 더욱 번영을 누리게 되었다. 프랑스의 왕과 가족 그리고 귀족들이 거주하던 100개 이상의 성이 당시에 건축되었다는 배경을 가지고 있었다.

루아르강가의 고성중 가장 커다란 성중의 하나인 앙부아즈성이 있는 마을의 입구에 들어서니 루아르강과 조화를 이루어 건축한 성채가 나타났다. 강변을 걸어 중앙광장을 지나 성에 입장하니 한글로 된 안내서와 태블릿기기(Hisistop)가 제공되어 있어 매우 반가웠다. 성에서 바라보는 풍경은 강과 초원이 조화를 이루어 좋은 날씨와 함께 프랑스의 정취를 느끼게 하였다. 이 성에는 르네상스시대에 이탈리아의 문물을 프랑스에 접목시키기 위해 프랑수아 1세가 이탈리아에서 초빙한 "레오나르도 다빈치(Leonardo da Vinci)"의 유해가 봉안된 생 위베르 예배당(Chapelle Saint Hubert)이 있어 그를 추모하고 있었다. 성의 내부를 관람하고 외부의 정원을 걸으며 프랑스 왕족의 생활을 느껴보았다.

앙부아즈성에서 나와 주위에 있는 슈농스성으로 30분 정도 운전하고 갔다. 슈농스성은 앙리 2세의 부인 등 6명의 부인이 거처로 사용하여 "여인들의 성"이라고 불리기도 하였다. 성은 셰르(Cher)강을 가로질러 아치 형태로 건축된 독특한 구조를 지니고 있었다. 정문으로 들어가는 길은 정원으로 잘 가꾸어져 성채보다는 공원에 온 기분이었다. 성을 둘러보며 성의 창을 통해 강에서 배를 타고 있는 관광객들의 모습이 여유롭게 느껴졌다. 강의 한가운데 있는 성의 모습이 정원의 아름다움과 함께 인상적이었다.

앙부아즈성의 정원

세르강의 슈농스성

칠순에 떠난 86일의 유럽 자동차여행

09

브르타뉴의 렌

여행 77일 차, 7월 10일, 수요일

프아티에에서 파리 근교의 몽셀미셸 수도원으로 가는 길에 중서부로 300킬로미터를 달려 브르타뉴 지방의 중심도시이자 대학도시인 렌(Rennes)으로 향하였다.

렌으로 가는 길은 평원이어서 농촌풍경을 제대로 느끼고 싶어 고속도로가 아닌 일반도로로 내비게이션을 설정하여 출발하였다. 프랑스의 중서부 농촌에는 여름이 다가오면서 주요 곡물인 밀이 누렇게 익어가고 있었다. 밀밭 한가운데의 작은 도로를 계속 운전하며 목가적인 풍경을 감상할 수 있었다. 농촌 길에는 밀과 함께 포도, 해바라기, 채소 등의 작물도 다양하게 재배되고 있었다. 알프스와 피레네의 산간마을인 루르드를 지나서 700킬로미터를 달려오며 이러한 평원이 계속되는 광경을 바라보니 이들의 풍요로운 환경이 부럽게만 느껴졌다.

렌으로 가는 길에 휴게소에서 만난 영국의 칠십대 노부부는 캠핑

렌으로 가는 평원의 밀밭

카로 유럽의 남부를 향하고 있었다. 평범하게 살아온 노부부가 캠핑카로 여행하는 모습에서 유럽의 은퇴문화를 살필 수 있었다. 은퇴 이후의 삶에 대해 동서를 넘어 서로의 의견을 나누며 남은 시간은 보람차게 보내야 한다는 데에 공감하였다.

렌에 도착하여 시내의 중심에 있는 광장으로 향하였다. 광장에는 대학도시답게 젊은이들이 젤라토로 오후를 즐기고 있었다. 렌에는 6만 명의 대학생이 살고 있어 젊은이들을 위한 음악제와 같은 축제가 많이 개최되고 있다고 하였다. 광장을 나와 장 장비에(Jean Janvier) 대로를 걸어 시내를 흐르는 빌렌강에서 성피에르 대성당으로 갔다. 대성당에서 기도하고는 구도심의 중세풍 건물이 이어진 시내를 걸으며 도시의 독특한 정취를 특이한 목골가옥에서 느낄 수 있었다. 시내의 중앙에 있는 공원에서 대학의 도시답게 활발하게 오후를 즐기는 젊은이들과 함께하였다.

10

몽셸미셸과 생말로

여행 78일 차, 7월 11일, 목요일

프랑스에서 가장 매력적인 관광명소인 노르망디 북서쪽 해안의 몽셸미셸 수도원(Mont Saint Michel)으로 향하였다. 수도원으로 가는 길은 고속도로에서 나와 작은 국도를 따라 한참을 해변 쪽으로 가야 하였다.

수도원으로 다가가자 대서양의 바다에 있는 작은 바위섬에 고딕의 첨탑으로 건설된 요새와 같은 수도원 건물이 보였다. 바다에는 갈매기가 날고 있고 아침의 운무도 서려 수도원은 경이로운 광경을 연출하고 있었다. 주차장에서 수도원으로 들어가는 길은 아침부터 관광객으로 붐비고 있었다. 모두가 수도원의 환상적 전경에 감탄하며 바다를 배경으로 사진을 찍기에 바쁜 모습이었다.

수도원은 해안에서 2킬로미터 정도 떨어져 있어 썰물 때는 육지이지만 밀물 때는 섬이 되는 특징이 있었다. 지금은 도로로 육지와 연결시켜 쉽게 접근할 수 있었다. 수도원의 입구에는 상권이 형성되어 섬마을의 상점이 가파른 길을 따라 이어져 있었다.

수도원은 708년에 주교 성오베르(Saint Aubert)에게 대천사 미카엘이 꿈에 세 번 나타나 섬에 성당을 지으라고 계시하여 예배당을 신축한 것이 기원이었다. 예배당에 순례자들이 끊이지 않으며 성지가 되었고, 베네딕트수도회에서 966년에 수도원을 세우며 현재의 모습으로 변천하여 온 배경을 갖고 있었다. 바다에 있는 수도원에는 기도실과 성당과 함께 작은 정원까지 갖추고 있었다. 수도자들이 노동하던 제분소를 비롯한 내부 시설에서 그들의 수도생활을 짐작할 수 있었다. 하느님을 따르는 길을 선택하여 어둡고 격리되어 감옥과 같은 이곳에서 세상을 뒤로하고 깨우침의 길을 찾던 치열한 고뇌가 몸과 마음으로 느껴졌다.

수도원에서 인근에 있는 아름다운 항구도시로 유명한 생말로(Saint Malo)로 향하였다. 생말로는 16세기부터 18세기까지 대서양에서 배에 실린 짐을 약탈하던 해적의 본거지로 번성하였다. 프랑스나 영국에 속하지 않은 독립된 생말로로 인정될 정도로 독특한 역사를 지닌 도시였다. 생말로는 도시 전체가 성벽에 둘러싸여 천혜의 요새를 이루며, 성벽의 앞에는 해변까지 있어 수많은 관광객으로 주차가 어려울 정도였다. 프랑스의 작가인 앙드레 말로(Andre Malraux)가 "나에게 일주일간의 삶이 남아 있다면 남은 인생은 생말로에서 보낼 것"이라고 극찬하였던 아름다운 성채도시의 입구를 들어서니 바로 시내로 연결되었다. 구시가지는 견고한 성벽(Intra Muros)으로 둘러싸여 중세의 모습을 그대로 보존한 채 현재와 공존하고 있었다. 시내의 중심에 자리 잡은 생뱅상 대성당을 거쳐 도심을 걸어 해변의 성채로 올랐다. 성채에서 바라보는 대서양은 고운

몽셀미셸의 아침

수도원의 관광객

생말로의 해변 성채

모래와 맑은 바닷물로 빛나고 있었다. 해변으로 내려가 모래사장을 걸어 해안에 있는 그랑베(Grand Be)라는 섬까지 걸었다. 대서양의 파도에 발을 담그고 해수욕을 즐기는 휴가객과 어울려 시간을 보내다 보니 해안으로 태양이 바다를 붉게 물들이며 아름답게 지고 있어 일몰의 황혼도 잠깐이지만 나름대로 멋지다는 사실을 느끼는 순간이었다.

칠순에 떠난 86일의 유럽 자동차여행

11

노르망디 공국의 루앙

여행 79일 차, 7월 12일, 금요일

프랑스 중부의 핵심도시 렌을 떠나 북동쪽으로 320킬로미터 떨어진 센강의 하구에 있는 옛 노르망디 공국의 수도였던 루앙(Rouen)으로 향하였다.

루앙으로 가는 길에는 이번 여행을 시작하던 4월 말에는 파릇파릇했던 밀밭이 누렇게 익어가며 어느덧 추수를 기다리고 있었다. 유럽여행의 3개월이 거의 지나 여름의 한가운데로 다가가고 있는 것이었다.

루앙의 마르코광장에서 출발하여 시내의 중심에 있는 루앙 대성당을 찾았다. 대성당은 루앙의 상징적인 건축물로 1063년에 건축을 시작하여 1544년에 지금의 모습이 완성되었다. 프랑스 고딕 양식의 정수를 보여주는 152미터에 달하는 첨탑은 당시에 세계에서 가장 높았다고 하였다. 프랑스의 인상주의 화가인 모네는 대성당의 아름다움에 매료되어 계절과 시간의 변화에 따라 연작으로 묘사하기도 하였다. 하지만, 대성당으로 들어가는 골목의 입구는 군인과 경찰이 출입을 통제하고 있었다. 대성당의 첨탑에 화재가 발생하여 조사 중이었다. 구글에서 뉴스를 확인하니 우리나라의 언론에서도 이미 보도되고 있었다.

루앙 대성당의 높은 첨탑이 화재로 검게 탄 모습을 뒤로하고, 유럽에서 가장 오래된 시계 중 하나라는 대시계(Gros Horlodge)를 찾았다. 명품상점이 줄지어 들어선 대시계 거리(Rue du Gros-Horloge)의 한가운데를 가로지르는 아치에 설치된 대시계는 14세기에 만들어진 것으로 시간뿐만 아니라 천문학적 정보도 제공하는 시계라는 역사적 가치로 인해 루앙의 대표적 명소가 되고 있었다.

명품거리를 지나 영국과의 100년 전투에서 프랑스를 구하였던 잔다르크를 추모하는 성당으로 걸었다. 잔다르크는 영국과의 전쟁에서 큰 전공을 세웠지만, 정적으로부터 이단의 마녀로 몰려 1431년 이곳에서 종교재판을 받고 화형당했다. 잔다르크는 1920년에 프랑스를 구한 성인으로 추대되었고, 1979년에 그녀가 화형당한 장소인 이곳에 성당이 세워진 것이었다.

잔다르크성당은 잔다르크의 순교를 상징하는 투구 모양의 지붕이 독특하였으며, 내부에 들어가니 스테인드글라스의 성전이 소박하여 친근하게 다가왔다. 성당의 앞에는 잔다르크를 추모하는 기념비가 세워져 관광객들을 맞고 있었다. 잔다르크가 화형당할 당시에 시장이었던 이곳에는 지금도 생선 시장이 있어 일상은 계속되고 있었다.

 칠순에 떠난 86일의 유럽 자동차여행

잔다르크성당

루앙의 대성당

12

대서양의 에트르타

여행 80일 차, 7월 13일, 토요일

루앙의 숙소에서 서쪽으로 70킬로미터 떨어져 대서양의 해안에 있는 에트르타(Etretat)라는 노르망디의 작은 해안도시로 향하였다.

에트르타에 도착하여 도시의 외곽에 설치된 주차기에 신용카드로 비용을 결제하였으나 주차표가 나오지 않았다. 그동안 수많은 주차장의 기계를 이용하였어도 이런 경우는 처음이라 주위의 관광객들과 고심하다 방법이 없어 카드 영수증을 계기판 앞에 놓고 가는 것으로 대신하였다. 기계가 편리하기는 하여도 오작동의 경우에는 해결방법이 없었다.

잠깐의 고민을 떨치고 에트르타의 시내로 들어가는 몽주 거리를 따라갔다. 시내로 가는 길에 괴도 루팡을 탄생시킨 작가 르불랑(Maurice Leblanc)의 집을 지나기도 하였다. 그의 집은 외부인의 출입이 허용되지 않고 있어 밖에서 정원을 바라보기만 하였다.

몽주 거리에서 해변으로 나오니 석회암의 하얀 절벽이 양쪽으로 펼쳐지고 있었다. 에트르타의 해안은 풍경이 아름다워 모네, 모파상, 르노아르 등과 같은 예술가들이 이곳을 무대로 작품활동을 하던 곳이었다. 해변에는 대서양의 푸른 바다가 끝없이 펼쳐지고 있었다. 해변의 왼쪽에는 코끼리가 코를 바다에 담근 듯한 모양의 하얀 절벽이 사진에서 보던 광경으로 다가왔다. 해변의 오른쪽으로 산책길을 걸어 가파른 절벽의 길을 올라가니 대서양이 멀리 펼쳐지고 앞에 보이는 석회암의 절벽이 한눈에 들어왔다. 에트르타의 해변에서 바다로 조금만 더 가면 영국으로 노르망디 공국의 시절인 1066년에 정복왕 윌리엄 1세가 잉글랜드를 정복하고 잉글랜드의 왕까지 겸하였던 노르만왕조의 역사가 떠올랐다. 해안 절벽에서 바다를 배경으로 사진을 찍으러 다가가니 절벽이 너무 가팔라 어지러울 정도였다. 언덕에는 에트르타의 정원이라고 불리는 넓은 초원에 작은 성당이 있어 함께 아름다움을 더해 주고 있었다.

언덕에서 내려와 해변의 산책길을 걸으며 길에 설치된 모네의 그림에서 모네가 바라보던 에트르타의 전경을 느껴 볼 수 있었다. 에트르타의 해변에는 파도가 밀려와 만들어진 몽돌이 부딪히며 발생하는 자연의 음악 소리가 들려오고 있었다. 해변을 나와 격자 모양의 창문으로 장식된 가옥을 따라 걸으며 하루의 일정을 마감하였다. 아침에 당혹스럽게 하였던 주차문제가 걱정되었으나, 주차위반의 과태료는 부과되지 않아 다행이었다.

에트르타의 해안

에트르타 해변의 몽돌

칠순에 떠난 86일의 유럽 자동차여행

10장

파리에서의 마무리

여행 81~86일 차, 7.14~7.19

01

모네의 지베르니

여행 81일 차, 7월 14일, 일요일

루앙에서 인상주의 화가의 거장인 클로드 모네(Claude Monet)의 정원과 집이 있는 지베르니(Giverny)라는 마을로 향하였다. 파리에서 서쪽으로 70킬로미터 떨어진 근교의 관광지여서 마을에 마련된 주차장에는 아침부터 관광버스를 비롯한 많은 차가 붐비고 있었다.

모네의 집과 정원은 한적한 농촌 마을에 있어 입구에서 마을로 들어가는 시골길이 정겨웠다. 마을의 중심에 마련된 관광안내소에서 간단한 설명을 듣고 모네의 정원을 찾았다. 모네의 정원으로 향하는 도로에는 모네의 작품을 소재로 한 다양한 상점이 줄지어 있었다. 모네의 정원 입구에 다다르니 긴 행렬이 기다리고 있었다. 정원이 넓지 않아 한정된 인원만 입장할 수 있기에 입장에 1시간 이상을 기다려야 하였다.

모네의 집은 초록 창문이 특징인 2층의 소박한 건물이었다. 모네의 다양한 그림과 그가 생활하던 모습이 그대로 전시되어 있었다.

모네의 초록 창문의 집

그는 1840년에 태어나 가난한 화가의 생활을 하다가 1883년 이 집을 구입하여 1926년까지 86세의 삶을 살면서 애정을 가지고 정원을 가꾸며 말년까지 작품활동을 하였다고 하였다. 그의 집에 전시된 작품은 정원의 수련, 에트르타 해변, 루앙 대성당과 같은 그림으로 1층과 2층의 실내에 빼곡하게 전시되어 있었다. 사실 전시된 작품들은 모두 모작으로 진품은 오르세미술관(Musée d'Orsay) 등에 보관되어 있었다. 모네의 작품에서 특이한 것은 일본풍의 그림을 그리던 유럽의 1860년대 자포니즘(Japonism)이라는 화단의 열풍에 상당히 심취하였다는 사실이었다. 그의 집에도 당시 프랑스에서 동양의 그림으로 특이하게 여겼던 일본풍의 작품이 전시되어 있었다.

모네의 집 앞에는 다양한 꽃으로 조성된 "꽃의 정원(Le Cros Normand)"과 작은 연못으로 이루어진 "물의 정원(Water Garden)"이 가꾸어져 있었다. 꽃의 정원에는 화단이 미로와 같이 꾸며져 있어 관광객들을 맞고 있었다. 물의 정원에는 여름을 맞아 수련이 한창 피어 있었다. 모네가 빛의 변화에 따라 시시각각 연작으로 그렸다는 수련이 수줍게 맞아 주고 있었다.

정원의 수련

▲ 모네의 자포니즘 작품

◀ 모네의 다양한 작품

    칠순에 떠난 86일의 유럽 자동차여행

02

퐁텐블로의 나폴레옹

여행 82일 차, 7월 15일, 월요일

파리에서 남동쪽 50킬로미터 지점에 있는 16세기 건축된 퐁텐블로 궁전(Chateau de Fontainebleau)으로 갔다. 이 궁전은 프랑스에 르네상스를 도입한 프랑수아 1세가 이탈리아의 문물에 감명을 받고 이탈리아에서 건축가를 초빙하여 건축하였다. 프랑수아 1세부터 1789년 대혁명을 맞은 루이 16세까지 부르봉 왕조의 왕들이 거처하였다. 나폴레옹도 1806년 프랑스의 황제로 즉위하여 집무를 보았고, 엘바섬으로 유배 갈 때에는 군사들에게 이별을 고했던 유서 깊은 장소이기도 하였다.

궁전의 입구에 들어서니 나폴레옹이 퇴위하며 근위병들과 이별하던 계단인 일명 "이별의 계단(Cour du Adieux)"이 먼저 눈에 들어왔다. 퐁텐블로 궁전에 있는 나폴레옹박물관에서 그가 젊은 시절 백마를 타고 알프스를 넘나들며 유럽을 호령하던 가죽옷과 모자를 보며 어린시절 나폴레옹전기를 읽고 상상하던 그의 호기와 용기를 되새겨 보았다.

 나폴레옹박물관을 거쳐 궁전의 본관에서 프랑수아 1세부터 루이 16세까지 그리고 나폴레옹 황제가 생활하고 업무를 보던 궁전의 내부를 관람하였다. 프랑스의 절대 왕권이 가장 강력하던 시기의 화려한 모습이 전시되어 있었다. 프랑수아 1세의 갤러리에는 당시에 최고의 문화 수준을 자랑하던 이탈리아 화가들의 작품도 볼 수 있었다. 레오나르도 다빈치의 작품인『모나리자』도 원래는 이 방에 걸려 있었다고 하였다.

 궁전을 관람하던 중 한국의 도자기와 불상 그리고 그림이 전시된 공간이 있어 매우 반가웠다. 파리올림픽에 참가한 한국대표단을 환영하는 행사를 개최하기 위해 퐁텐블로 궁전과 퐁텐블루시가 합동으로 기획한 특별 전시였다. 유럽식 화려함과 대비되는 동양의 소박한 아름다움이 돋보이는 도자기와 불상이 인상적이었다.

 퐁텐블로 궁전의 내부를 관람하고 휴식 겸 산책을 위해 궁전공원으로 향하였다. 궁전 앞에 있는 호수공원(Carp Pond)이 궁전의 화려함을 더해 주었다. 호수공원의 오른쪽에는 평평하게 인공적으로 조성한 프랑스풍의 정원과 자연을 그대로 옮겨 놓은 듯한 영국식 정원이 서로 다른 형태로 같이 조성되어 여행객에게 휴식처를 제공하고 있었다. 프랑스가 번영하던 시절의 화려함을 느끼기에 충분하였다.

　　　　　　　칠순에 떠난 86일의 유럽 자동차여행

▲ 퐁텐블로 궁전 이별의 계단

한국전시관의 불상과 도자기 ▶

▼ 호수공원의 퐁텐블로

03

오베르 쉬르 우아즈의 고흐

여행 83일 차, 7월 16일, 화요일

베르사유의 숙소(All Suites Appart Hotel Massy, 2박 124유로)를 나와 마지막 숙박지인 파리로 가는 길에 프랑스의 대표적인 후기인상파 화가 고흐가 마지막 열정을 태워 작업하던 파리의 북서쪽에 있는 오베르 쉬르 우아즈(Auvers sur Oise) 마을을 찾았다.

이곳은 베르사유의 숙소에서 60킬미터로 떨어져 있는 아주 한적한 농촌 마을이었다. 프랑스에서는 월요일(한국 기준 화요일)에 관광지가 쉬는 날이어서 일반 주차장에는 거의 차가 없었다. 안전을 고려하여 시민들이 휴식을 취하는 주변의 공원에 차를 두고 한참을 걸어 마을 중심가로 갔다.

마을 중심가에는 관광객이 거의 없어 한가롭게 살펴보기에 좋았다. 고흐가 프랑스의 남부지방 마을인 아를에서 고갱과의 갈등으로 귀를 자르고 방황하다, 이곳에서 인생의 마지막 71일을 머물며 80여 점의 작품을 남기고 37세의 젊은 나이에 스스로 생을 마감하

   칠순에 떠난 86일의 유럽 자동차여행

였다고 하였다.

그가 생의 마지막 순간에 혼신의 열정을 불태우던 2층의 라부(Ravoux)라는 여관을 바라보았다. 초라한 시골의 여관방에서 그가 고민하던 아픔을 잠시 짐작하여 보았다. 그가 그린 작품은 당시 누구에게도 인정받지 못하여 생전에 판매한 작품은 400프랑짜리『붉은 포도밭』이라는 작품이 유일하였다. 당시에 그의 화풍은 사실주의나 인상주의를 뛰어넘어 주관적인 감정을 색감으로 표현한 후기 인상주의의 선구자이기에 화단의 인정을 받지 못해 생전에 아픔이 컸던 것으로 보였다.

고흐박물관은 월요일의 정기휴관으로 내부관람은 하지 못하고, 마을 성당의 뒤편에『까마귀가 있는 밀밭』이라는 그림의 배경이었던 언덕으로 올라갔다. 밀밭과 까마귀를 절묘하게 조화시켜 그린 그림의 표지에서 화가와 영감을 같이하여 보았다. 고흐가 그림의 배경으로 삼았던 밀밭을 지나 마지막까지 후원자였던 동생 테오와 함께 잠든 성당묘지에서 그를 추모하였다. 고흐의 작품 현장을 돌아보니 그가 생의 마지막 순간에 세상을 바라보던 시각이 그대로 그림에 투영되고 있는 것을 느끼게 되었다. 그림에서 화려한 자연과 그의 음울한 감성적 분위기가 함께 조화를 이루며 표현되고 있었다.

고흐의 마을 건물 그림과 배경

고흐가 머물던 라부 여관

고흐의 밀밭과 작품

04

파리의 캠핑장:
여행의 정리

여행 84일 차, 7월 17일, 수요일

파리의 캠핑장(Camping Le Parc de Paris, 3박 213유로)에서 여행을 마감하는 귀국 준비를 하였다. 파리는 7월 중순의 여름임에도 아침 기온이 16도이고 낮에는 25도 내외로 생각한 것보다 덥지 않아 활동하기에 적당하였다.

여행 86일의 일정을 마감하며 그동안 사용하던 식료품, 식기, 옷 등을 정리하였다. 정리한 물품 중에서 아직도 활용이 가능한 여행용품은 옆 숙소에 여행을 시작하는 벨기에의 여행자에게 모두 건네었다. 예상치 못한 귀한 선물에 젊은 청년은 고맙다는 인사를 수차례 건네며 다음번에는 벨기에도 여행하여 줄 것을 요청하였다. 이렇게 남은 물건을 필요한 사람이 활용할 수 있게 되어 다행이었다.

짐을 정리하고는 마지막으로 귀국하는 비행기편을 다시 확인하고, 차량의 반납에 필요한 서류도 미리 준비하였다. 모레 저녁 8시면 드골공항을 이륙하여 타국의 길위에서의 긴 여정을 마감하게 된다. 그동안 여행에서 경험한 많은 일들과 시행착오의 과정이 파노라마처럼 머리를 스치고 지나갔다.

지난해의 미주서부 여행에 이어 시작한 유럽 일정이 마무리되면서 새로운 출발이 기다리고 있었다. 마무리는 새로운 출발로 이어지기에 또 다른 시작이 기대되고 있었다. 세상의 일에 매몰되었던 나의 모습을 본래대로 찾고, 세상의 길을 걸으며 진리와 낭만을 추구하는 여정은 계속되리라 다짐하였다.

캠핑장의 애마

짝과 캠핑장의 마스코트

   칠순에 떠난 86일의 유럽 자동차여행

여행경험 16 : 장기여행에서의 필수품

유럽에서의 장기여행은 봄이 시작되던 4월 25일에 시작하여, 남부의 태양이 뜨거운 이탈리아와 남프랑스에서 5, 6월을 보내고, 7월에는 프랑스의 중서부를 지나, 알프스 남부와 북부의 3,000미터급 고봉까지 넘나 들다 보니 필수품이 제법 늘었다. 당초의 준비과정에 예상치 못한 물품은 현지에서 마련하여 활용하였다.

여행에서 가장 편리하게 이용한 것은 늦은 봄과 여름의 여행이어서 날씨관계상 예상치 못했던 패딩점퍼였다. 가볍고 보온이 잘되어 온도의 변화와 운반에 매우 편리하였다. 장기여행으로 면역력이 약해지는 도중에서는 잠옷으로도 활용하였다. 고도차가 있는 산 위에서도 휴대가 쉬워 항상 소지하고 기온과 날씨의 변화에 대비할 수 있었다.

유럽의 주거문화가 바닥난방이 아니고 온풍으로 난방을 해결하여서 준비한 전기요는 고도가 높거나 날씨가 궂은 경우에 매우 요긴하게 활용되었다. 만약을 위해 여분으로 준비한 얇은 오리털 이불도 감기에 걸리거나 침대 시트가 충분하지 않은 경우에는 건강의 유지를 위해 최고의 역할을 하였다.

옷차림은 계절의 특징에 맞추어 이동에 편리하게 입으며 중간에 세탁하였기에 한국에서 여행용품으로 가져온 종이로 된 세탁세제가 유용하게 활용되었다. 현지에서 세탁세제를 구입하여 사용하기에는 통상 용량이 커서 운반에 불편이 많았다.

전기제품의 사용에 필요한 어댑터는 프랑스, 이탈리아, 스위스에서 서로 상이하여 상황에 따라 현지에서 구입하여 활용하였다. 국내에서 멀티 어댑터를 미리 준비하는 것도 좋을 것으로 생각되었다.

유럽 여행에서는 유럽의 전역에서 사용이 가능한 유심을 국내에서 미리 구입하여 인터넷과 전화를 편리하게 사용할 수 있었다. 자동차여행에서 인터넷은 통역, 길 안내, 검색, 예약 등과 같은 주요한 기능을 수행하는 동반자가 되었다.

05

베르사유의 루이 14세

여행 85일 차, 7월 18일, 목요일

이번 여행의 마지막 일정으로 잡은 베르사유궁전에 예약된 입장 시간이 10시여서 파리의 교통상황을 고려하여 아침에 서둘러 출발하였다. 파리 북동쪽의 숙소에서 남서쪽에 있는 베르사유(Versailles)까지는 60킬로미터의 거리로 1시간을 예상하였으나, 외곽고속도로에서의 출근시간대의 교통체증으로 30분 이상이 더 지체되었다. 다행히 여유를 가지고 출발하여 예약시간에 맞추어 도착할 수 있었다.

베르사유의 아침은 여름임에도 크게 덥지 않고 하늘도 맑아 궁전을 관람하고 정원을 걸으며 살펴보기에 적당하였다. 궁전 앞에 별도로 마련된 주차장에 주차하고 넓은 광장을 걸어 프랑스 왕가의 문양으로 화려하게 장식된 궁전출입문에서 당시 프랑스 절대왕정의 최고 전성기를 느낄 수 있었다. 궁전의 입구를 지나니 태양왕이라는 별칭으로 불리는 루이 14세의 기마상이 위풍당당하게 관광객을 맞고 있었다. 이 궁전은 루이 14세가 1682년에 파리에 있는 루브르와 퐁텐블로 궁전을 마다하고 별도로 건축한 화려하고 역동적인 로코코(Rococo) 양식의 대표적 건물로, 1789년에 대혁명이 일어나기까지 프랑스의 정치, 문화, 예술의 중심지가 되었다.

궁전의 내부에 입장하니 절대왕정의 전성기에 새로이 건축하였던 호화로움의 현장을 볼 수 있었다. 궁전에는 왕실에서 예배를 보던 성당, 접견실이던 아폴론의 방, 연회나 행사를 거행하던 거울의 방, 왕가의 전쟁을 묘사한 전쟁의 방, 왕자와 공주 19명이 태어난 왕비의 방 등이 화려함의 극치를 보이고 있었다. 루이 14세가 업무를 보던 은으로 제작된 의자가 있었고, 벽과 천장은 화려한 그림으로 장식하였으며, 샹들리에와 황금 촛대 등이 눈이 부실 정도여서 당시의 번영을 짐작할 수 있었다.

베르사유의 백미는 내부의 화려함과 함께 프랑스의 전통 양식으로 조성된 정원의 아름다움이었다. 궁전의 앞에 호수가 자리한 정원에서 바라보는 전경은 한 폭의 그림과 같았다. 정원은 형형색색의 꽃들로 화단을 인공적으로 꾸미고 있었고, 신화를 소재로 한 조각상이 곳곳에 배치되어 있었으며, 십자 형태의 운하가 연결되어 관광객들이 보트 놀이를 하고 있었다. 독일 바이에른의 영주였던 루트비히 2세가 베르사유 궁전을 모방하여 건축하였다는 헤렌킴제성의 일화가 떠오르기도 하였다. 이탈리아의 베네치아에서 보았던 대성당을 비롯한 인간이 만들어 낸 화려함의 극치를 다시 보는 순간이었다.

베르사유의 루이 14세

베르사유 정원

여행경험 17: 유럽의 건축문화

유럽을 여행하면서 2000년의 유럽 역사를 대변하는 각종 건축물은 시대와 역사적 배경을 나타내며 당시의 문명과 문화 수준을 유추하게 하여 흥미를 끌게 하였다.

유럽 문명의 토대를 이룬 고대 그리스-로마의 양식으로 균형과 비례를 강조하며 아치와 돔이 특징인 대표적인 건축물로 로마의 콜로세움에서 고대로의 상상을 이끌었다.

그리스-로마의 건축양식은 4세기에 이르러 소박한 외부건축에 내부를 동양(페르시아와 헬레니즘)의 다양한 색채와 모자이크로 장식하는 비잔틴양식으로 발전하여 건축된 베네치아의 산마르코 대성당을 확인하고 감탄하였다.

로마의 건축양식은 중세인 10~15세기에는 두터운 벽과 작은 창문의 로마네스크 양식과 하늘로 향하는 첨탑의 고딕 양식으로 변천하며 파리의 노트르담 대성당, 밀라노의 두오모가 대표적 건축물로 인상적이었다.

중세의 로마네스크와 고딕건축에 이어서 르네상스의 시기인 14~16세기에는 다시 고대의 그리스와 로마의 균형과 비례를 강조하며 르네상스 건축이 등장하는 피렌체의 두오모를 관람할 수 있었다.

중세와 르네상스의 시기를 지나 17~18세기에는 화려함과 역동성을 강조하는 바로크(Baroque) 양식의 성베드로 대성당과 섬세함과 장식적인 디자인을 강조하는 로코코(Rocco) 양식의 베르사유 궁전이 건축되어 여행자의 이목을 끌었다.

현대의 산업화 이후에 등장하는 다양한 철제와 유리 등의 건축자재를 활용하여 기능성과 다양성을 강조하는 건축양식을 리옹이나 파리와 같은 주요 도시의 현대건축물에서 확인하며 유럽건축의 역사를 직접 경험하게 되었다.

06

샹티이에서의 이별과 새로운 시작

여행 86일 차, 7월 19일, 금요일

인천으로 귀국하는 항공편이 저녁 8시여서 차량반납은 오후 3시로 약속하고 드골공항 인근에 있는 샹티이성(Chateau de Chantilly)에서 오전을 보내기로 하였다. 캠핑장의 체크아웃 마감 시간에 맞추어 9시 30분에 숙소를 나와 50킬미터로 떨어져 있는 성으로 출발하였다. 성으로 가는 길에는 푸른 초원과 높은 하늘이 귀국을 축하하고 있었다.

샹티이성은 공화정과 군주정을 오가던 19세기 프랑스의 혼돈 시기에 국왕이던 루이 필립의 아들인 샹티이공작이 유산으로 물려받은 궁전을 개축하여 지금의 모습을 갖춘 성이었다. 성내의 관람은 생략하고 성 앞의 호수와 잔디밭으로 조성된 정원에서 휴식을 취하기로 하였다. 샹티이성의 정원에는 주민들이 각국의 국기를 들고 모여 있었다. 다음 주 파리에서 개최되는 올림픽 성화가 성 앞으로 지나가면서 성화 교대식을 거행할 예정이어서 이를 환영하려고 기다리고 있는 것이었다.

　가족 또는 부부가 같이 나와 공원에 자리를 잡고 오후 1시에 도착하는 성화를 기다리고 있었다. 숙소에서 체크아웃을 하고 출국까지 시간의 여유가 있어 우연히 왔는데, 운이 좋게도 올림픽의 성화가 지나가는 현장을 목격하는 기회가 되고 있었다. 샹티이성이 위치한 마을에서는 파리올림픽을 축하하기 위해 성화 교대식에 맞추어 맥주와 음식을 준비하고 다양한 행사를 진행하고 있었다. 파리올림픽의 자원봉사자인 파리의 대학생과 88서울올림픽에서 봉사하던 여행자의 젊은 시절의 경험담을 이야기하며 성공적인 올림픽을 기원하였다. 파리올림픽의 분위기가 고조되고 있는 상황을 현장에서 목격할 수 있어 행운이었다.

　오후 3시가 되어 유럽에서 86일간을 함께하던 자동차를 반납하였다. 막상 애마를 반납하려니 서운한 마음에 한참을 차 주위에서 서성거렸다. 사람이나 차나 오랫동안 어려움을 같이하니 정이 들게 마련인 모양이었다. 차량을 반납하고 리스회사에서 제공하는 서틀차로 공항에 도착하였다. 입국할 때는 낯설기만 하던 공항이 여행을 마치고 돌아가는 길에는 친근하게 다가왔다. 파리의 드골 공항에서 국적기에 몸을 실으니 지난 86일의 여정이 꿈과 같이 머리를 스치고 있었다.

　　　　　　　　칠순에 떠난 86일의 유럽 자동차여행

샹티이성의 하늘

올림픽 봉사자와의 응원

파리올림픽과의 만남

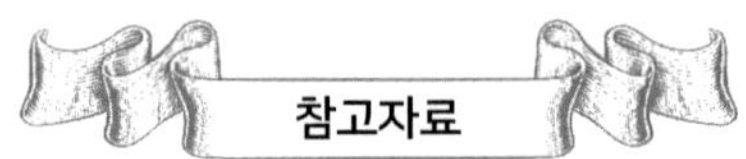

1. 여행 비용의 요약

1) 자동차여행에서 가장 중요한 자동차는 유럽의 특성과 비용을
감안하여 렌트(Rent)보다는 리스(Lease)를 선택하였다. 차량은
장기운행의 안전과 편의성을 고려하여 중형의 SUV형태로 결
정하고, 리스의 대행사인 유로카(Eurocar)를 통해 6개월 전에
예약하였다. 리스기간은 85일로 유류를 채워주는 "Full of
Fuel" 패키지를 선택하여 3,228유로(450만 원)를 지불하였다.
자동차의 운전은 총 13,436(1일 평균 150)킬로미터를 운행하였
다. 여행 기간에는 어떠한 교통위반도 없었고, 귀국하여 독일
의 고성가도에서 우편으로 70킬로미터존에서 87킬로미터로
운행하였다는 속도위반의 과태료가 송부되어 80유로를 지불
하였다.

2) 항공편은 인천에서 파리를 직항으로 운행하는 ASIANA항공
의 이코노미 스마트좌석을 3개월 전에 예약하여 부부가 왕복

308만 원을 지급하였다.

3) 숙박은 파리에서 출발하여 85박을 호텔, 아파텔, 스튜디오, B&B, 캠핑장 방갈로 등에서 6,187유로(870만 원)를 지급하였다.

4) 현지에서 자동차의 유류비, 식료품점에서의 식재료, 주차료, 입장료 등과 같은 일상적 비용으로 7,731유로(1,083만 원)를 사용하였다.

5) 여행의 사전준비를 위한 여행자보험과 필수품의 구입 등에 필요한 비용으로 150만 원을 사용하였다.

6) 결과적으로 86일간 여행의 총비용은 2,800만 원 내외를 사용하였다. 국내에 있었어도 소요되는 3개월의 생활비(1,000만 원 내외)를 감안하면 당초의 계획대로 최대한 절약비용(유럽서부 패키지여행 2인 12박 13일에 상당하는 비용)으로 마쳤다.

2. 여행에서의 체력과 활동량

1) 유럽을 장기로 여행하기 위하여는 기초적인 체력과 동반자와의 호흡이 중요하여 저자는 우선 해파랑길을 비롯한 한반도의 둘레길에서 하루에 25,000에서 30,000보를 걸으며 체력을 확보하고, 미주서부대륙을 43일간 여행하며 호흡을 맞추었다.

2) 유럽여행의 전후에 걸은 걸음은 2,024년 3월 38.6만 보, 4월 38.7만 보, 5월 47.5만 보, 6월 44.0만 보, 7월 48.3만 보, 8월 41.0만 보로 여행 기간에는 국내에 있던 3월과 8월과 비교하

여 4월에서 7월까지 매월 평균 10,000보~50,000보가 증가하였다.

3) 평소에 국내에서 활동하며 일상적 활동을 하며 걷는 걸음인 3월과 8월의 매일 13,000보에서 여행기간인 4~7월의 3개월간에는 15,000보로 매일 2,000보가 증가하여 체력에 무리 없이 건강한 여행을 할 수 있었다.